U0154125

清華大學高中學術列車叢書

閱讀科普

06

DNA 搭乘頭等艙

策劃 國立清華大學教務處

撰稿 高中學術列車暨開放講堂 教師群

 國立清華大學出版社 五南圖書出版公司

中華民國一〇一年十一月

校長序

　　大學的傳統任務是培育人才，傳播知識，進而創造知識，近年思潮是更應指引社會進步方向，藉社會關懷，推動社會與人類生活方式的革新進步。清華大學去年在慶祝百年校慶之際，推出「清華開放學堂」開放給民眾參與，獲得熱烈回響。因而進一步到中南部地區陸續舉辦「高雄清華講座」及「臺中清華講座」，鼓勵社會大眾參與，分享大學豐富的學術資源。基於廣受好評的成功經驗，清大認為將專精知識向下延伸，將深奧的知識轉化為平易近人的生活實用常識，對啟蒙階段，心智漸趨成形的高中學生將有啟發作用，並可作學習性向探索的參考。在幾次與高中代表的會前會，都喜見各校都對移動的「清華開放學堂」多所期待。因此決定啟動「高中學術列車」，由清大精心排出鑽石陣容，由名師以淺顯易懂的方式，與各地高中學生與民眾分享知識饗宴。期望藉由學術知識生活化，將學術的種子根植於年輕族群中。

　　本年度「高中學術列車」，自 2 月 25 日從彰化高中開始展開，順利開往臺中一中、嘉義中學、臺南一中、高師附中、屏東高中、臺東高中、花蓮高中、宜蘭中學、北一女中、金門高中及武陵高中舉行。為了擴大參與的層面，特別將講座時間都安排在週末。由於開行順利，除能準時發車之外，據參與教師與同仁回報，在各地都有相當熱烈的迴響，已決定再接再厲，於今年繼續發車。

　　本書是邀請歷次參與「高中學術列車」教師，將講座內容整理彙編而成，包括統計、物理、天文、醫學、生命科學、能

源、材料、化學工程、無限通訊、心理、經濟、文學各學科精華知識，以深入淺出形式呈現，蔚爲大觀，一方面爲第一年的「高中學術列車」劃下完美句點，另一方面，也是一本知識含量豐富的好書，值得所有知識愛好人的精讀與珍藏。

　　「高中學術列車」承蒙臺積電文教基金會、遠哲科學教育基金會、富邦文教基金會、華碩文教基金會和張昭鼎紀念基金會支持，同時感謝各高中的全力配合以及積極參與「高中學術列車」的清華同仁。有各位的無私付出，才有今天的豐碩成果。

國立清華大學校長

陳力俊

2012.10.15

教務長序

移動的知識城堡

　　大學爲創造知識與培育人才之學術城堡。國立清華大學爲國內學術重鎮，在學術上有著許多卓越的成就，也培育了許多社會之中堅與領導人才。爲了對社會有更多貢獻，清華大學推出了「清華開放學堂」、以及與各地高中合作之「高中學術列車」，讓清華大學成爲移動的知識城堡，以讓更多的社會大眾可以分享學術的趣味，得以一窺學術殿堂之奧妙。

　　國立清華大學推動「清華開放學堂」與「高中學術列車」，邀請不同專長之教授們參與。教授群們將學術上之研究成果，以深入淺出的方式，介紹給社會一般大眾。讓大學直接走入人群，向社會呈現學術成果，達成以學術關懷社會之使命。「清華開放學堂」將大學城堡的學術城門打開，而「高中學術列車」則是對此城堡施以移動之魔法。

　　學術列車由新竹「清華開放學堂」出發，沿途停靠彰化（彰化高中）、臺中（臺中一中）、嘉義（嘉義中學）、臺南（臺南一中）、高雄（高師附中）、屏東（屏東高中）、臺東（臺東高中）、花蓮（花蓮高中）、宜蘭（宜蘭中學）、臺北（北一女中）、桃園（武陵中學）、金門（金門高中）後，再回到新竹，爲此一列車劃下收穫滿滿之完美句點。

　　本學術列車之活動之經費，感謝富邦文教基金會、臺積電文教基金會、遠哲科學教育基金會、張昭鼎紀念基金會、與華碩文教基金會之支持；此活動之演講集，則由五南圖書贊助出版。而此活動之豐富內容，當然要感謝所有參與的清華教授與同仁們

之鼎力相助。對上述基金會、五南圖書、以及所有參與此活動伙伴之共襄盛舉，心中充滿了謝意與敬意。

演講集「DNA 搭乘頭等艙」之出版，讓清華大學學術城堡再以不同的形式移動，讓更多未及親自參與此學術列車活動之大眾，可以有機會分享此學術之旅之內容。國立清華大學為學術城堡的移動，邁開了第一大步。在基金會、高中、社會熱心人士、與熱心教師的支持下，此學術列車將持續往前行，學術城堡將繼續移動，繼續為社會注入活躍的學術源水。

國立清華大學教務長

陳信文

2012.10.10

目　錄

每一種專業領域的工作者，都
應該要試著用淺顯的語言，向不是
這個領域裡的人，解釋他們的工作
在做些什麼。

1 解讀大自然的語言

談「統計方法」在科學探索裡所扮演的角色

許 文 郁

大自然的語言

歡迎光臨「百歲清華—清華開放學堂」。這學堂可真開放！不必考試，不必做作業，也不必繳交報告。希望我能帶給你一個愉快的假日午後，讓上課可以是件賞心悅目的事，讓我曾經體驗過的感動也感動你！

每一種專業領域的工作者，都應該要試著用淺顯的語言，向不是這個領域裡的人，解釋他們的工作在做些什麼。

提到「統計方法」，很多人第一個想到的大概是「民意調查」。在臺灣，每到了選舉，「民意調查」幾乎普遍到泛濫的程度。媒體上幾乎天天都會出現一些民調結果，公佈一些統計數字。公佈者會用高深莫測的「統計術語」來包裝，以示專業，並壯聲勢。只要你稍微留意一下，你一定常常看到這句話：

> 本調查有效樣本 1000 人，在百分之 95 的信心水準下，抽樣誤差不超過 3 個百分點。

外行人看得一頭霧水。有多少人真正瞭解這句話的意涵？因為不懂，所以不敢質疑。這些民調專家們所使用的招術就是：

If you can not convince them, confuse them!
要是你無法說服人，就把他們弄迷糊！

對民調統計數字半信半疑的人，大都抱持一種「民調僅供參考」的態度。通常，政治人物對統計數字都有點怕怕。受過統

計數字之害者，反應模式是，氣急敗壞地破口大罵。底下就是一個例子：

> There are three kinds of lies:
> lies, damned lies and statistics.
> —Benjamin Disraeli (1804-1881)
> British Prime Minister, 1874-1878

統計數字是最最可惡的謊話！就有人寫了一本書：*How to lie with statistics*（Huff and Geis (1993)）——如何用統計數字說謊！當然，其正面的意義是，教人如何不被統計數字所騙。

這類消遣、揶揄「統計數字」、「統計學」甚或「統計學家」的玩笑話很多。因為統計學家常常喜歡「取平均」，用「平均數」來概括龐大複雜的數據，所以就有人給統計學家下了一個定義——

一隻手泡在冰水，另一隻手泡在沸水裡，會覺得舒服的傢伙！

我看過一則消遣統計學家的笑話：

他喜歡臺灣，也喜歡大陸，所以他選擇住在臺灣海峽！

**"Statistics are like a bikini.
What they reveal is suggestive,
but what they conceal is vital."**
—— AARON LEVENSTEIN

Before You Get Excited About Numbers, Make Sure You Get The Bare Facts.

統計數字好像比基尼：
露出來的只是引人遐思的部位，
蓋起來的才是要害！
（因此）在你對一組數字抓狂之前，
先確定你拿到的是，沒有經過遮掩、
最完整的原始數據。

我收到過一張卡片，寄卡片的朋友是位乳牛專家。聯合國糧食
農業組織（The Food and Agriculture Organization），曾委託他遠
赴烏克蘭（Ukraine），評估如何協助家庭式酪農，改善生產效
率。他家很多用品，都印有乳牛的花紋。他在太太產後，把太

太當乳牛般研究，天天量她的泌乳量！假如家中有足夠的設備，他肯定還會分析太太的乳成份！

　　遇到這類的消遣、揶揄，通常我是不會去辯解的，而是用一種欣賞幽默的態度，跟大家一起哈哈一笑。偶爾我們也編一些類似的笑話以自娛，開開自己的玩笑。不過，今天倒是一個合適的場合，讓我以稍微嚴肅但不失輕鬆的方式，與大家真情相對，談談統計方法。

　　我們就從「大自然的語言」談起。大自然會說話嗎？這問題很多人回答過。兩千五百年前孔子說：

> 天何言哉？四時行焉，百物生焉，天何言哉！
>
> ──論語‧陽貨篇

　　語出論語陽貨篇，這是孔子與子貢一段精彩對話的片段。子曰：「予欲無言」，子貢曰：「子如不言，則小子何述焉？」。上句就是孔子回答子貢的話，孔子說──在教學上我不想再用嘴巴多說了。子貢很疑惑：「老師，你不再用嘴巴講解，那我們如何抄筆記呢？」這時老師有點不耐煩了，用手指一指天說：「上天有說過任何話嗎？祂下過任何指示嗎？世間萬物還不是很有秩序的運轉：日出日沒、月圓月缺、潮起潮落、春去秋來、花自飄零水自流……，上天何必說話呢！」孔子是想學學大自然，不再用嘴巴傳道。不用說的，怎麼傳道呢？可以！讓我們來遙想這幅場景──

> 孔子遊乎緇帷之林，
>
> 休坐乎杏壇之上。
>
> 弟子讀書，
>
> 孔子弦歌鼓琴。
>
> ——莊子・雜篇・漁父第三十一

這是兩千五百年前，孔子立下的教學典範—傳道不必用講的！事實上他用的是另一種語言——音樂！天道亦然，大自然用它自己獨特的語言，在述說深奧的哲理。400 年前物理學家伽利略寫過：

> Philosophy is written in this great book (by which I mean the universe) which stands always open to our view, but it can not be understood unless one first learns how to comprehend the language and interpret the symbols in which it is written.
>
> —— Galileo Galilei (1564-1642)

> 哲理寫在這本巨大的書上（我指的是宇宙），此書一直都攤開在我們的眼前。但是，你無法讀懂它，除非你先學習理解它所使用的語言，解釋它所使用的符號。 —— 伽利略（1564-1642）

大自然用它獨特的語言，在講述深奧的哲理！大自然所用的語言是什麼呢？「數據」是其中之一種。

數據會說話！
數據是大自然坐乎天壇之上，
弦歌鼓琴所傳出來的音符。
內藏深意，端看你如何解讀。

大自然形形色色千變萬化的現象，存在某些規律與模式。這些規律與模式，不是輕易就可以看到的。他們往往隱藏在一些複雜的數據深處，必須仔細分析之後才能發現。大自然就透過各種數據，在述說深奧的哲理。當大自然透露數據給我們時，似乎不是那麼的乾脆痛快，總是會摻入一些雜訊（Subtle is the Lord, but malicious He is not－Einstein）。如何解讀這些包含雜訊的數據，從雜亂的數據中，有效率地、正確地找出規律與模式，那就要借助統計方法。

統計是蒐集、整理、
展示、分析、解釋數據的科學。

我現在要用一個實際的例子，為你解釋，統計方法是如何運作的。下面的數據是，大自然「坐乎天壇之上，弦歌鼓琴」，所傳來的天籟片段：

	週期	半徑
水	88	58
金	225	108
地	365	150
火	687	228
木	4339	778
土	10761	1427
天王	30690	2875
海王	60185	4505
冥王	90782	5914

在這些數據裡頭，你有沒有發現日常生活裡熟悉的數字（365, 228!）。這是太陽系九大行星的公轉週期與軌道平均半徑。其中週期以地球日爲單位，半徑以百萬公里爲單位。這組數據沒經過仔細的分析，你是看不出什麼玄機的。

數據分析的第一步是：

整理數據

整理數據的方法很多，對不同型態的數據、不同的需要有各種不同的整理方法。這些工作屬於

敘述統計學　Descriptive Statistics

的範圍。其目的是要把數量龐大的數據，整理得讓人一目了然，容易掌握。例如，給你大學入學考，數學科十萬考生的成績。這

十萬個數據丟給你，沒整理之前你根本無法掌握。統計方法將這十萬個數據劃成直方圖（Histogram）圖1-1：

學生人數

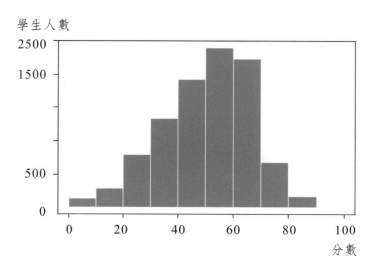

圖1-1　學生人數與考試成績直方圖

在這張圖裡，橫軸是分數、豎軸是人數，從這張圖我們可以清楚地看到這十萬個數據是如何分布的。

　　將數據圖形化，使得容易掌握，這部份就是一般人所知的統計學──數字與圖表。

A picture paints a thousand words.
一張圖勝過千言萬語。

　　以九大行星的那組數為例，我們想瞭解週期與軌道的關係，我們將這九組數畫在圖1-2直角座標上：

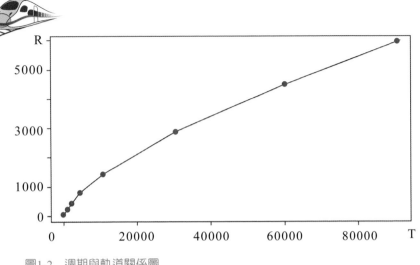

圖1-2　週期與軌道關係圖

　　圖上我們可以看到 R 隨 T 的增加而增加，這個圖就把 R 與 T 的關係顯示出來了。至於 R 與 T 之間精確的函數關係是什麼？這是「發現模式」的問題。尋求一個簡潔的數學模式，來理解觀察到的大自然的複雜現象，這就是科學探索的終極目標。接下來，我們要談論的是數據分析的第二步─「建立模式」。

建立模式

　　R 與 T 之間有什麼函數關係？每一個人遇到這個問題，第一步都會先猜猜看。觀察圖1-3，三種半徑與週期的可能函數關係圖：

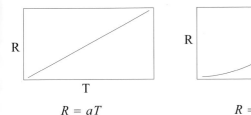
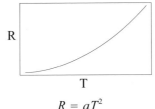
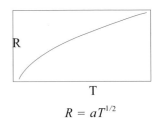

$$R = aT \qquad\qquad R = aT^2 \qquad\qquad R = aT^{1/2}$$

圖1-3　半徑與週期的函數關係圖

從這三種關係圖，我們的第一個猜測是 $R = aT^{1/2}$。假如 $R = aT^{1/2}$ 這個關係是正確的，那麼參數 a 應該是多少？

$$R = aT^{1/2} = a\sqrt{T}$$

$$58 = a\sqrt{88} \quad\Rightarrow\quad a = 6.15$$
$$108 = a\sqrt{225} \quad\Rightarrow\quad a = 7.22$$
$$150 = a\sqrt{365} \quad\Rightarrow\quad a = 7.85$$
$$228 = a\sqrt{687} \quad\Rightarrow\quad a = 8.70$$
$$778 = a\sqrt{4339} \quad\Rightarrow\quad a = 11.81$$
$$1427 = a\sqrt{10761} \quad\Rightarrow\quad a = 13.76$$
$$2875 = a\sqrt{30690} \quad\Rightarrow\quad a = 16.41$$
$$4505 = a\sqrt{60185} \quad\Rightarrow\quad a = 18.36$$
$$5914 = a\sqrt{90782} \quad\Rightarrow\quad a = 19.63$$

顯然我們沒辦法找到參數 a 的單一值，使得 $R = aT^{1/2}$ 這個關係式，適用於每一個行星。$R = aT^{1/2}$ 這個模式不對，其問題出在 1/2 一次方的位置放 1/2 是不對的！那麼該擺放那個數呢？統計方法提供一個有系統的策略來決定。首先我們從 R 與 T 的關係圖來看，我們可以考慮：

$$R = aT^{\beta}$$

這個模式。模式中的參數 a、$\beta (0 < \beta < 1)$先不給定,讓觀測數據來決定。a 與 β 這兩個參數,在統計術語裡稱作「母體(Population)」的「未知參數(unknown parameters)」。

　　在這裡的「母體」是指,太陽系中所有圍繞太陽旋轉之物件所形成的整體。我們猜測,這「母體」中的每一份子,其運動方式都滿足 $R = aT^{\beta}$ 這個關係式。我們所觀測到的九大行星,只不過是從這母體中所抽出的少部分「樣本(Sample)」,希望這少部分的樣本能幫助我們瞭解母體。數據分析的第三步是「估計參數」。

估計參數

　　由「樣本」數據來推估「母體」的未知參數,這個過程,在統計術語裡稱爲「參數估計」。這類的工作都屬於

推論統計學　　Inferential Statistics

的範圍。統計學的研究工作,有一大部份是屬於「統計推論」——如何由「樣本」來理解「母體」。這裡頭就用了很多的數學機率論。以九大行星的例子來看,我們如何決定模式

$$R = aT^{\beta}$$

中的未知參數 a 與 β?這個問題困難之處在「β」,因爲 β 所在的位置是「次方的位置」。感謝 **John Napier**(1550-1617),他在 17 世紀初期發明了對數 Logarithm 的概念,幫助我們解決了

困難。只要在模式的兩邊分別取對數：

$$R = aT^{\beta}$$

則　　$\log R = \log aT^{\beta} = \log a + \log T^{\beta} = \log a + \beta \log T$

∴　　$\log R = \alpha + \beta \log T$ ，其中 $\alpha = \log a$.

這數學關係式的意思是說，假如 R 與 T 有 $R = aT^{\beta}$ 的關係，則 $\log R$ 與 $\log T$ 就有 $\log R = \alpha + \beta \log T$ 的線性關係。

	T	R	log		logT	logR
(	88,	58)	→		(1.944,	1.763)
(	225,	108)	→		(2.352,	2.033)
(	365,	150)	→		(2.562,	2.176)
(	687,	228)	→		(2.837,	2.358)
(	4339,	778)	→		(3.637,	2.891)
(10761,	1427)		→		(4.032,	3.154)
(30690,	2875)		→		(4.487,	3.459)
(60185,	4505)		→		(4.779,	3.654)
(90782,	5914)		→		(4.958,	3.772)

將經過「對數轉換」後，右邊這新的九組數，劃在直角座標上，形成一條直線：

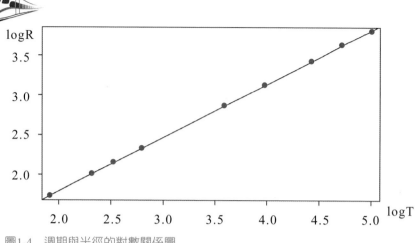

圖1-4 週期與半徑的對數關係圖

這些數據是用最現代的方法所測量出來的週期與半徑。要是在古代的條件下,我們所得到的數據可能就不是那麼完美,而是有量測誤差的:

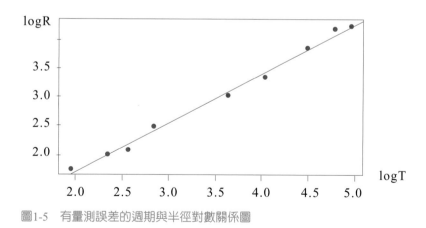

圖1-5 有量測誤差的週期與半徑對數關係圖

不過,我們還是可以用迴歸分析(Regression analysis)裡的最小平方法(Least squares method),決定出一條最接近這些點的直

線。由前一張圖可知，我們所得到直線是

$$\log R = 0.466 + 0.667 \log T$$
$$= 0.466 + (2/3) \log T$$
$$= 0.466 + \log T^{2/3}$$
$$\therefore R = 10^{0.466} T^{2/3} \Rightarrow R^3 = 25\ T^2$$
$$\therefore \frac{R^3}{T^2} = 25$$

從這個式子我們得到：a 的估計值是 $10^{0.466}$，β 的估計值是 2/3。這個式子所說的意思是：每個行星都有各自的軌道半徑與公轉週期，每個都不一樣。但是，不論是那一個行星，軌道半徑的立方與週期的平方之比，其值是個常數。

這就是這組數據經過統計方法分析後，所得到的，隱藏在數據背後的規律：

```
(    88,   58)
(   225,  108)
(   365,  150)
(   687,  228)
(  4339,  778)
(10761, 1427)
(30690, 2875)
(60185, 4505)
(90782, 5914)
```

統計方法 $\Longrightarrow$ $\dfrac{R^3}{T^2}$ = 常數

沒經過統計方法分析，這個規律不太容易從數據一下子察覺。這就是著名的 Kepler（1571-1630）行星運動第三定律。

Kepler 行星運動三大定律

1. 行星軌道是橢圓形的，太陽位於橢圓的一個焦點上。

2. 雖然，行星的速度與它跟太陽間的距離一直在變。但是，在等長的時段內，不論何時，它們之間的連線掃過的面積相等。

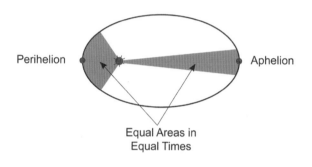

Perihelion

Aphelion

Equal Areas in
Equal Times

圖1-6　行星的軌道運動軌跡

3. $\dfrac{R^3}{T^2}$ = 常數

第一與第二定律發表在 1609 年的書《新天文學》（Astronomia Nova, 1609），第三定律發表在 1619 年的書《世界的和諧》（Harmonices Mundi, 1619）。

Kepler 的行星運動第二與第三定律，是蘇東坡在赤壁賦中一段話的巧妙註解：

> 蓋將自其變者而觀之，則天地曾不能以一瞬。
> 自其不變而觀之，則物與我皆無盡也。
> ── 蘇軾（1037-1101），前赤壁賦。

　　蘇東坡自己舉了「水」與「月」為例，為他這一段話作註解：逝者如斯，而未嘗往也；盈虛者如彼，而卒莫消長也。讓我們來看看行星運動第二定律：雖然，從「變」的方面來看，行星的速度與它跟太陽間的距離，一直都在改變。但是，從「不變」的方面來看，它與太陽間的連線，在等長時段內，掃過的面積是個常數。第三定律：雖然每個行星有各自的週期與軌道半徑（自其變者而觀之），但是不論是那一個行星，其 R^3/T^2 值都一樣（自其不變而觀之）。人生何嘗不是如此，得與失、福與禍、取與捨……加加減減不都大約是個常數？這正是科學工作所追求的目標：如何在瞬息萬變的自然現象裡發現不變量（invariant），以尋找亂中的序，動中的靜，隱晦中的明。在這尋找過程之中，統計方法可使這個過程進行得更快更有效率。

　　今天我們用最現代化的統計方法、最現代化的計算工具，從一組數據中重新走了一趟行星運動定律的發現之旅。讓我們來看看我們用了那些數學工具：

1. 直角座標

　　「直角座標」這個概念的首度出現，是在 Descartes（1596-1650）的「方法論，Descartes（1637）」中的附錄「幾何學」裡，方法論在 1637 年出版。

2. 對數（Logarithm）

「對數」這概念由 John Napier（1550-1617）在 1600 年左右發明，Kepler 知道利用「對數」來作一些天文數字的計算。數學家 Laplace 對「對數」這個概念有如下的評價：

> 藉著縮減運算所花的苦工而延長了天文學家的壽命。 —— Laplace（1749-1827）

3. 最小平方法（Least Squares Method）

這方法的出現是在 Carl Friedrich Gauss（1777- 1855）的年代——18 世紀末，Kepler 死後一百多年的事了。

這些工具除了「對數」之外，其他的工具在 Keper 年代都還沒發明。在沒有現代化的統計方法與現代化的計算工具情況下，Kepler 發現三大定律所用的方法是「試誤法」。生活在廿一世紀的我們，有必要來回顧一下，Kepler 當年艱辛的歷程，並體會一下他揭開大自然奧祕時的興奮之情。

Kepler 在他發表第一與第二定律的《新天文學》（Astronomia Nova，1609）一書裡，鉅細靡遺地詳述他所採用以及放棄的假說，每一條走錯了，而又回頭的路線，每一項計算的錯誤與成功，直到他最後獲得真理為止。他曾寫道：

> 如果這種沉悶的工作方式使你厭煩，你大有理由同情我，我已經花了許多時間，至少進行了七十次。〔註1〕

第三定律的發現，前後花了 Kepler 二十二年的時間。在《世界的和諧》（Harmonices Mundi，1619）裡，Kepler 以感性的語氣，娓娓道出他的偉大發現。

> 關於二十二年前（特別是當我發現天球上有五個正面體時）我所做的預言……。爲了這預言，我將一生的精華投入天文學的研究，我拜訪了 Tycho Brahe，並且定居在布拉格。〔註2〕

Tycho Brahe（1546-1601）是當時最偉大的測量天文學家，他在 1599 年錄用了 Kepler 來做他的研究助理。兩人的相會，是人類歷史上，一椿具有劃時代意義的事件。Tycho 需要一位專家，來整理他觀測行星所得的資料，而 Kepler 希望從 Tycho 處獲得觀測數據，以研究天體運動的和諧。Kepler 相信，上帝按照幾何學

註1 If thou art bored with this wearisome method of calculation, take pity on me, who had to go through with at least seventy repetitions of it, at a very great loss of time. （摘自 Kepler (1609), chapter 16）

註2 As regards that which I prophesied two and twenty years ago （especially that the five regular solids are found between the celestial spheres）, ... for the sake of which I spent the best part of my life in astronomical speculations, visited Tycho Brahe, and took up residence at Prague. （摘自 Kepler (1619), p.169.）

設計了宇宙，人類智慧能夠經由幾何學原理，理解這個偉大設計，這是他們兩人合作的背景。

> 終於，我使它變得清楚了。我發現，情形甚至比我所希望的還要真實。在天體運動裡，我看到完全的和諧。〔註3〕
>
> 假如你希望知道準確的時間，那就是 1618 年 3 月 8 日，在這天我的心裡出現了正確的比例。可是，不幸運地，由於錯誤的計算，而把它拋棄。最後，在 5 月 15 日它又被喚回，以全新的突襲，戰勝了我精神的黑暗。〔註4〕
>
> 由於八個月前的第一道曙光，由於三個月前明亮的白天，更由於幾天前，我的奇妙想法的太陽已大放光輝。再沒有什麼可以攔住我，我已不在乎會遭到天譴⋯⋯。骰子已擲出！現在，我寫下這本書，它是由我的同輩或後輩來閱讀都無關緊要。如果上帝歷經了六千年的等待，方才有人能夠體會理

註3 Finally, I brought it to light and found it to be truer than I had even hoped, and I discovered among the celestial movements the full nature of harmony. （摘自 Kepler (1619), p.169.）

註4 If you want the exact time, (the right ratio) was conceived mentally on the 8th of March in this year One Thousand Six Hundred and Eighteen but unfelicitously submitted to calculation and rejected as false, finally, summoned back on the 15th of May, with a fresh assault undertaken, outfought the darkness of my mind. （摘自 Kepler (1619), p.180.）

解祂，讓我的書以一百年的時間去等待它的讀者。
〔註5〕

    Kepler 窺見宇宙秘密時的狂喜之情躍然紙上。讓我們試著來揣摩 Kepler 說這段話時的幽微心境：他可能認為，行星運動定律是上帝的機密。他花了二十二年的時間將其破解，這對上帝是一種偷窺，是一種褻瀆，向人間隨便洩漏這個天機更是大不敬。可是他實在是忍不住了，他迫不及待地要與世人分享這個驚人的發現。他借用 Caesar 與 Pompey 決戰，帥兵渡過 The Rubicon River 時，表示決一死戰所發的豪語：The die is cast！吶喊出他內心那無法抑制的衝動。Kepler 那澎湃洶湧的心緒，經由這段文字，穿越時空，在四百年之後之此時此地，讀來依然令人覺得歷歷如晤。顯然他對自己一生的成就感到非常驕傲，自詡為六千年來第一人（當時的人相信，上帝在六千年前創造宇宙），上帝的第一個知音。他的驕傲也可以由他自撰的墓誌銘看出來：

I measured the skies, Now the shadows I measure

Skybound was the mind, Earthbound the body rests

—Johannes Kepler, d. November 15, 1630。

註5 But now since the first light eight months ago, since broad day three months ago, and since the sun of my wonderful speculation has shone fully a very few days ago: nothing holds me back. I am free to give myself up to the sacred madness.... The die is cast, and I am writing the book - whether to be read by my contemporaries or by posterity matters not. Let it await its reader for a hundred years, if God Himself has been ready for His contemplator for six thousand years. （摘自 Kepler (1619), p.169.）

生前我丈量天空，如今我丈量幽冥。

生前我心縱橫天際，死後此身安息於地。

除了驕傲，我們也可以感受到他那高處不勝寒的孤寂。

經過統計方法的分析，得到隱藏在數據裡「$R^3/T^2 = $常數」的模式。這是巧合？還是背後有其道理？接下來的工作是為這個模式尋找解釋。數據分析的第四步是

解釋模式

儘管一生成就非凡，沒能為行星運動三大定律尋找到合理的解釋，是 Kepler 一生最大的遺憾！這遺憾從他的一句話展露無遺：

我不斷地思考和尋找，

直到幾乎發瘋的地步，

只為了行星為什麼會採行橢圓軌道的理由。

想想行星運動第一定律中的橢圓是如何畫出來的？將一線段的兩端固定，用鉛筆將線繃緊，如此移動你的筆尖，就畫出一個橢圓，如圖 1-7。而這兩個固定端點，就是該橢圓的兩個焦點。

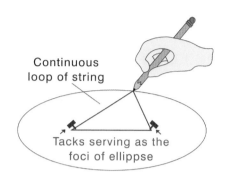

圖1-7　橢圓的畫法

這個幾何圖形是多麼的人工,而行星居然就採行這樣的軌道,太陽居然就剛好位於焦點的位置!

　　讓我們設身處地的遙想當年:發現三大定律的 Kepler,必然驚歎於大自然的神奇,對大自然懷抱著一種敬畏的態度。他強烈地感受到,有一隻看不見的手在支配著大自然。他有很虔誠的信仰,在他的科學著作裡,「上帝」經常被提到。但把一切榮耀歸於主,顯然無法說服他的好奇心。所以,他不斷地在思索「為什麼?為什麼?」。我們不妨想像:多少個夜晚,Kepler 獨自散步在橫跨 Vltava 河上的 Karlův most(Charles bridge)。他仰首向天──雖然他小時候得過天花,病後視力大受影響,他從此就沒能清楚地看到過美麗的星空。但是他用內心的眼睛,比任何人都更清楚地看到,行星的橢圓軌道。他覺得,大自然真是不可思議!他禁不住向上帝詢問:「主啊!你到底要給我啟示些什麼?」對於這個天問,他含恨而終。直到 1630 年去世,他一直都沒能滲透這個天機。這是 Kepler 一生最大的遺憾!

　　Kepler 的疑問,在他死後約 40 年(1665-1666),才被牛頓 Isaac Newton(1642-1727)解決。我們來看看 Newton 是怎樣

解開 Kepler 的疑問的。Newton 發現一些更基本的定律：運動定律、萬有引力定律。然後他用數學證明，Kepler 的三大定律是這些更基本定律的必然結果。他的證明寫在《自然哲學的數學原理》（Newton, Philosiphiae Naturalis Principia Mathematica, 1687）這本書上。

> 數學與大自然之間的關係，真是不可思議！
> 不瞭解數學的人，很難對大自然的美感，
> 那最深刻的美感，能夠真正有所體會。〔註6〕

　　Newton 在一封信上說過：「要是我看得更遠，那是因為我站在巨人的肩膀上。」Kepler 必然是 Newton 心中的巨人。有時候我在想，Newton 在他一生的某個時刻，必定曾如此的默禱過：

> 安息吧！偉大的 Kepler，
> 困擾你一生的問題，我已幫你找到了答案。

　　跟 Kepler 一樣，Newton 也有他終生不解的疑問：萬有引力為何與距離平方成反比。還有，它是如何越過真空而作用到遙遠的物體上。這就是所謂的超距力問題（action-at-a-distance problem）。這次 Newton 經歷了比 Kepler 更長的時間—兩百年的等待，方才等到了一個石破天驚的答案。1916 年 Einstein（1879-1955）發表了「廣義相對論，Einstein (1916)」，用「時

註6 To those who do not know mathematics it is difficult to get across a real feeling as to the beauty, the deepest beauty, of nature. （摘自 Feynman (1967), p. 58.）

空（spacetime）」的「曲率（curvature）」來解釋引力：物質把它周圍的「時空」弄彎了。其他的物質在它旁邊通過時，是沿著這彎曲「時空」的「最短的路線（geodesic）」行走，這在我們看來就等同於被吸引一樣。物理學家 Wheeler 用一句話很傳神的描述這種「時空」與物質之間的關係：

> 空間告訴物質要如何移動，
> 物質告訴空間要如何彎曲。〔註7〕

　　Newton 解決 Kepler 的問題所用的數學工具是微積分，這個工具當時還不完備，Newton 就自已動手發展。Einstein 所用的數學工具是微分幾何、張量。他很幸運，這些工具，數學家 Riemann (1826-1866)、Ricci-Curbastro (1853-1925)、Levi-Civita (1875-1941)老早就幫他準備好了。Einstein 說，這些工具好像是專為他準備似的，讓他用來發展他的重力理論。數學家大概沒想到，他們的數學可以如此地應用到物理上。數學與物理之間千絲萬縷的關係在科學史上到處可見。

　　這個故事從 Kepler、Newton 到 Einstein，我們可以看到科學上有兩種的邏輯形式。一種是做了一系列的實驗或觀察，蒐集所有的實驗或觀測數據，並由其中找出規則與模式，這個方法是歸納法（induction）。另外一種邏輯形式是演繹法（deduction），從少數幾個基本原理出發，依據邏輯推理得出其必然的結果。Kepler 用的主要是歸納法，Newton 與 Einstein 用的主要是演繹法。統計方法是一種歸納法，可以

註7 Space tells the matter how to move. Matter tells the space how to curve. （摘自 Misner et. al. (1973), p.5.）

使得歸納工作進行得更有效率。這就是統計方法，在科學探索裡所扮演的角色。另外，統計科學有一個領域是「實驗設計」。在 Kepler 的研究中，沒有涉及如何作實驗的問題。在很多科學領域裡，數據有時候必須取自於實驗結果。如何做實驗，才能「有效率的」取得「有用的」數據？這是實驗設計的問題，這又有另一個動人的故事！〔註8〕

參考文獻

1. Descartes, R. (1637). Discours de la méthode pour bien conduire sa raison et chercher la vérité dans les sciences, plus La dioptrique, La météore et La géométrie, gui sont des essais de cette méthode; The geometry of René Descartes with a facsimile of the first edition. Translated from the French and Latin by D. E. Smith and M. L. Latham. Dover, New York.

2. Einstein, A. (1916). "Die Grundlage der allgemeinen relativitatstheorie," Annalen der Physik, 49.

3. Feynman, R. P. (1967). The character of physical law. M.I.T. Press, Cambridge, MA.. 中譯本：陳芊蓉、吳程遠譯（1996），物理之美—費曼與你談物理，天下文化，臺北。

4. Huff, D. and Geis, I. (1993). How to lie with statistics. Norton, New York.

5. Kepler, J. (1609). Astronomia nova; New astronomy. Translated by William H. Donahue. Cambridge University Press, Cambridge, England.

註8 參見「窺視大千於數瞥之間」，數學傳播，105，第二十七卷，第一期，民國九十二年三月，pp.14-27。

6.Kepler, J. (1619). Harmonices mundi; Harmonies of the world. Translated by Charles Glenn Wallis. Promethus, Amherst, New York.

7.Misner, C. W., Thorne, K. S. and Wheeler, J. A. (1973). Gravitation. Freeman, New York.

光，不是宇宙中，速度的極限了嗎！？那麼「超快光學」又是什麼呢？難道，有比普通的光還要快的光？若真的有「超快光學」，難不成，還有所謂的「超慢光學」？

2 就是那道光

淺談『超快光學』

黃承彬

光，不是宇宙中，速度的極限了嗎！？

那，甚麼叫「超快光學」？

有一種比普通的光還要快的光？難道，

又，若真的有所謂的「超快光學」，

難不成，還有所謂的「超慢光學」？

　　為解答您的疑惑，本文將針對超快光學一詞提出一個簡明的定義，接著說明達成超快光學的基本要素，最後會探討一些超快光學在一般生活或產業上的應用實例。

超快光學

　　在我們生活中拍攝照片的經驗裡，我們清楚地知道，快門時間越短，才愈有可能清晰地捕捉住快速移動物體的運動軌跡。其中最具代表性的例子，即為西元 1872 年，英國攝影師邁布里奇（Eadweard Muybridge）在美國前加州州長史丹佛（Leland Standford，同時也是著名的史丹佛大學的創辦者）的挑戰下，將賽馬奔馳的過程記錄下來，藉以了解馬在奔跑的過程中，是否存在一個完全騰空的短暫時刻？在那之前，絕大部份的畫家在描繪馬的奔跑時，都會將一至兩個蹄置落於地面上。當然，在今天，馬在奔跑的過程中存在一個完全騰空的短暫時刻已是人人皆知的基本常識了。但在那時，底片曝光的時間，是由攝影師的手將一金屬板作開、關的動作來決定，這麼慢的快門，是絕對無法精確捕捉那四蹄騰空的美妙時刻的。因此，邁布里奇不斷地利用機械結構上的設計，改良他的相機快門，並將快門時間縮短至一秒鐘

的六十分之一。

如圖 2-1 所示，在 1878 年，邁布里奇利用多臺「高速」相機，成功地將馬全速衝刺的時間序列一一記錄下來，並且在連續播放下得以重現馬奔跑的實貌。此舉不僅開啟了電影的先河，也同時揭開了超快光學的序幕！

從以上的小故事可以得知，我們對這個世界的認知，大幅地受到在時間上觀測的細微程度所影響。唯有當快門時間較移動物體的速度還短的情況下，我們才能夠完整地解析物體的軌跡，從而得到全面的了解。

藉由上述的例子，我們有了以下結論：

超快光學最簡單的定義，
就是要製造出一個人為最短的快門－光脈衝

從而幫助人類了解我們所處的世界。因此，

超快光學並非取決於光的行進速度，
而是由光脈衝的時間寬度來定義的。

超快光學是一個備受矚目的前瞻研究領域之一，其研究重點在於產生時間上極短的光脈衝。這些超短光脈衝的寬度從早期的皮秒（picosecond, 10^{-12}s）範圍，逐漸降低至數飛秒（femtosecond, 10^{-15}s），並且一直被縮減到近幾年的數十個埃秒（attosecond, 10^{-18}s）。這些超短脈衝是人為所能造成的時間上最短的開關，主要的功能，在於提供科學家探測電子、原子、分子、生物

圖2-1　以高速相機記錄賽馬奔跑實貌

以及半導體系統中動態的能力之用。1999 年的諾貝爾化學獎，即頒發給加州理工學院的齊威爾教授（Ahmed H. Zewail），以表彰其利用飛秒光脈衝，忠實紀錄化學反應中每個微細變化的貢獻。

超短光脈衝

說到這邊，各位或許對光脈衝究竟是甚麼仍感到一頭霧水。因此，在這一部份，本文將簡單講解何謂光脈衝，並且說明

如何產生超短光脈衝。最簡單也最貼近我們日常生活的脈衝，就
是我們的心跳了。相信大家都有量心電圖的經驗：儀器上顯示的
一個又一個的波形，就是因心臟收縮而產生的脈衝；倘若將波形
的源頭換成是光的話，產生的就是光脈衝了。讀者們可以做一個
小實驗（但千萬注意眼睛的安全）：拿一支常見的雷射投影筆，
照射在遠處的牆壁上。此時各位可以用空著的另一隻手來當作是
產生光脈衝的開關，當手擋住投影筆時，牆壁上沒有光，而當手
未擋住投影筆時，牆壁上就會有雷射光點。在這先恭喜各位，成
功地產生了雷射光脈衝！但要注意的是，此時的光脈衝時間寬度

一定是非常長的，畢竟再快的手，也無法一秒鐘切換超過 1000 次（脈衝時間寬度約 10^{-3} 秒）吧？所以，這個方法僅能夠產生光脈衝，但是卻無法產生超快光學所需的皮秒以下的超短光脈衝。

說到這，我們必須來探討一下光脈衝的特性。

何謂光脈衝？我們先了解產生光脈衝的兩大關鍵要素：

1.超短光脈衝的產生需要很大的頻寬

也就是說要能夠產生光脈衝，並須同時要有很多種顏色的光，一起作用才行。請各位見圖 2-2(a)，假設一開始分別有紅色與綠色的光，我們將它們在時間上點對點相加，就可以得到如圖二 (b) 的胖胖光脈衝。假使我們如圖 2-2 (c) 所示，再加入一道藍光，並且將三種顏色的光在時間上點對點相加，此時的光脈衝（圖 2-2(d)）就明顯變瘦了！這就是頻寬與脈衝時間寬度的相對關係：越大的頻寬（越多的頻率成分，也就是越多種顏色），就能夠在時間上產生越短的光脈衝。

在此提供讀者們一個頻寬（Δf）與脈衝時間寬度（Δt）之間，簡單的數學關係：$\Delta t \approx 1/\Delta f$

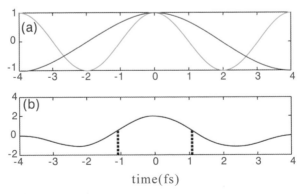

time(fs)

圖2-2　超短光脈衝之波長頻率

2.超短光脈衝的產生還需要鎖定所有頻率成份的相位

此相位鎖定的專業術語稱為雷射鎖模（laser mode-locking），礙於篇幅的關係，我們無法在此加以詳細闡述。但是我們可以用生活化的語言，交代一下甚麼叫相位，以及相位鎖定的意義。相位基本的概念，就是訊號有沒有在時間上一起出發，一起結束。我們可以用最簡單的數學來加以理解：餘弦函數 cos(t) 與正弦函數 sin(t) = cos(t-π/2)，因為相差了一個 π/2（90 度）的相位，所以在時間上，正弦函數較餘弦函數延遲了四分之一個週期。因此，相位的鎖定，就與指揮一個合唱團或是管弦樂團非常相似，要演奏出和諧美妙的樂章，必須要有一個指揮告訴成員們，何時開始，做甚麼事情，並且同時結束。所以，在此簡短地整理一下產生飛秒（10^{-15}s）短脈衝的兩個必要條件：

$$頻寬必須大於 10^{15}\ Hz，$$
$$並且所有頻率成份的相位需要鎖定。$$

超短光脈衝的產生，除了能夠提供人為最短的快門，做為探測電

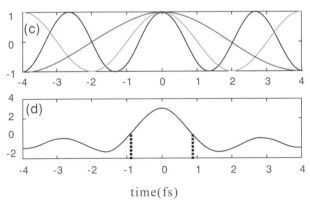

time(fs)

圖2-2　超短光脈衝之波長頻率（續）

子、原子、分子動態解析之外，從光強度的角度來看，超短光脈衝的形成，等同於將一固定的能量，在一個極短的時間內釋放出來。瞬時光功率數學上的描述為 $P_{peak} = U/\Delta t$，其中 U 為光脈衝的能量，Δt 就是前述的脈衝時間寬度。打個比方，超短光脈衝就像是一個時間上磨成的繡花針，扎起來相較於鐵杵是痛得多的。因此雖然光的能量可能很低，但是因為 Δt 非常短，卻能夠達到極為驚人的瞬時光功率。

生活中超短脈衝光的應用

這個特性被廣泛地應用在「非線性光學」上。非線性光學探討的重點是：

> 當光強度達到一定程度後，光與物質的
> 交互作用能夠產生新的光頻率成份？

最簡單的例子就是二倍頻產生，數學上的描述為 $e_{out}(t) \propto e_{in}^2(t)$。當我們入射一道角頻率為 ω_0 的光（$e_{in}(t) = A\exp(j\omega_0 t)$）後，透過非線性效應（$e_{in}^2(t)$）所得到的輸出為 $e_{out}(t) = B\exp(j2\omega_0 t)$，此時各位可以輕易地看到輸出光的角頻率倍增為為 $2\omega_0$，也就是入射光的二倍頻產生。而超短光脈衝在非線性光學最大的助益，就在於能夠於脈衝存在短暫的瞬間，提升光的強度，從而大幅度地增加非線性的光轉換效率。透過超短光脈衝與非線性效應，我們不僅能夠如圖 2-3(a) 所示，自由地轉變光的顏色，甚至可以如圖 2-3(b) 所示，將入射光的頻寬大幅增加，產生所謂的超連續頻譜。2005 年獲頒諾貝爾物理獎的光頻梳，也與超短光脈衝和非線性效應之結合，有著非常緊密的關係。超短光

脈衝所擁有的高瞬時光功率特性，以及上述純學術的探討之外，也大幅地被應用日常生活中：舉凡是光纖通訊、雷射切割、近視手術、甚至是美容手術上，超短光脈衝都扮演著關鍵的角色。更好玩的是，如圖 2-4 所示，透過脈衝塑形的技術，我們甚至可以任意的改變這些超短脈衝的長相!因此，僅藉由此短短的篇幅，希望讀者能夠理解何謂超快光學，以及體認到超快光學帶給我們便利生活的緣由。

圖2-3(a)　超短光脈衝形成非線性效應可使光的顏色改變　圖2-3(b)　入射光頻寬大為增加，形成超連續光譜

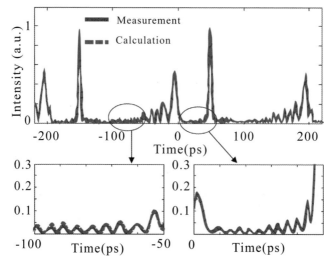

圖2-4　脈衝塑形可改變超短脈衝的樣貌

皮下注射除了會造成病患的痛
苦及心理壓力外，也會造成許多的
副作用……因此，目前許多科學家
嘗試研發新的胰島素劑型來取代皮
下注射，其中又以方便又安全的口
服投藥受到較多的矚目。

3 口服胰島素

糖尿病患免於挨針的理想

蘇芳儀

宋信文

淺談糖尿病

糖尿病是一種好發於中老年人的新陳代謝疾病，也可能發生於青少年、幼兒及孕婦等族群。糖尿病主要可以分為第一型（胰島素依賴型）及第二型。在正常情況下，胰臟中的β細胞會分泌胰島素來維持血糖的恆定。然而，由於第一型糖尿病患體內的自體免疫系統對β細胞所造成的破壞，使得病患終生都須仰賴外來的胰島素以維持正常的血糖值。第二型糖尿病則是起因於β細胞製造出來的胰島素不足或細胞具有「胰島素抗性」，使細胞無法正常利用血液中的葡萄糖，因而造成過高的血糖值。

為了維持糖尿病患的健康及生活品質，目前用於治療第一型與部分第二型糖尿病患的方式，主要以皮下注射胰島素為主。常見的投藥頻率為一天四次：三餐飯前注射短效型胰島素，以降低飯後忽然升高的血糖值；睡前則注射長效型胰島素以維持體內的基礎胰島素濃度。投藥的頻率及劑量則依個人生活習慣及日常作息而有所不同。皮下注射除了會造成病患的痛苦及心理壓力外，也會造成許多的副作用，例如注射部位的細菌感染等。因此，目前許多科學家嘗試研發新的胰島素劑型來取代皮下注射，例如口服、口腔黏膜投藥等，其中又以方便又安全的口服投藥受到較多的矚目。

口服胰島素劑型

口服投藥相較於針劑注射，具有較高的病患接受度。然而，目前市面上所販售的蛋白質藥物，是以針劑注射為主要的給藥方式。這是因為蛋白質藥物在進入胃腸道後，會遭受胃酸及消

化酵素的破壞，造成其活性的喪失。此外，由於胰島素是大分子的親水性藥物，因此不易直接穿透過腸道的上皮細胞，被人體所吸收。因此，如何克服胃腸道對藥物的降解及上皮細胞對藥物的吸收阻礙，成為口服投遞胰島素最需解決的兩大課題。

為了克服上述兩個問題，目前科學家常使用的策略主要可分為以下幾種：小腸吸收促進劑（permeation enhancer）、腸衣塗佈（enteric coating）、酵素抑制劑（enzyme inhibitor）與微胞包覆（microsphere encapsulation）等。首先，小腸吸收促進劑，例如膽鹽（bile salt）或脂肪酸，可以用來改善細胞膜脂雙層結構的通透性（permeability），促使藥物較容易被小腸所吸收。根據文獻報導，將胰島素與不同的脂肪酸（lauric, palmitic 或stearic acids）均勻混和，經乳化後，以口服方式餵食兔子，可產生降低血糖的效果。第二，利用對 pH 值敏感之材料來包覆蛋白質藥物（腸衣包覆），以保護藥物不受到胃酸的破壞；藉由這個特性，可設計出於腸胃道特定位置釋放胰島素的藥物釋放載體，以提高胰島素的藥物生體可用率（bioavailability）。第三，將酵素抑制劑與胰島素共同服用，可抑制腸胃道當中的酵素對胰島素所造成的降解。根據文獻報導，在體外（in vitro）實驗中，高分子與酵素抑制劑的共聚物（conjugate）可有效保護胰島素不被酵素（trypsin, α-chymotrypsin & elastase）所破壞。微胞包覆是另一種口服投遞胰島素的策略。包覆在高分子微胞中的胰島素，其釋放曲線可被良好的控制，因此可避免酵素對胰島素所造成的降解。

然而，上述的策略都只能克服其中一種胃腸道對胰島素的吸收阻礙，因此無法產生顯著的降血糖效果；要成功地使口服胰島素發揮藥效，需要一個能夠將藥物釋放在適當位置（小腸）的載體，且必須能克服胰島素在胃腸道所遭遇的吸收阻礙，並進一

步地促進胰島素被小腸所吸收，才能有效地促使胰島素進入血液循環系統，被細胞所利用。

幾丁聚醣奈米微粒

我們的研究團隊最近發表了一個由幾丁聚醣（chitosan）和聚麩胺酸 [poly (γ-glutamic acid)] 所構成的奈米微粒系統，做為胰島素的口服釋放載體。幾丁聚醣是一種帶正電的多醣類，具有黏膜吸附性（mucoadhesion）及短暫打開小腸上皮細胞間緊密連結蛋白（tight junction protein）的特性；因此，幾丁聚醣可以促進蛋白質藥物透過細胞間隙（paracellular pathway），被人體所吸收，使幾丁聚醣被視為一種小腸吸收促進劑（absorption enhancer）。

聚麩胺酸是一種帶負電的胜肽，具有水溶性、生物可降解性、無毒性等特性。藉由帶正電之幾丁聚醣及帶負電之聚麩胺酸間的靜電吸引力（ionic gelation），可形成一個具 pH 值敏感性的奈米微粒系統；此奈米微粒在 pH 2.2～7.2 會保持穩定，但在 pH 7.2 以上的環境中會崩解並釋放出所包覆的胰島素（圖 3-1）。

奈米微粒系統的作用機制乃藉由口服投遞後，其表面的幾丁聚醣會使奈米微粒吸附並穿透位於腸道表面的黏膜層（mucus layer）。幾丁聚醣接著會打開上皮細胞間的緊密連結蛋白（tight junction），並由於環境 pH 值的升高，造成奈米微粒崩解，使所包覆的胰島素被釋放出並穿過已打開的細胞間隙，進而被人體所吸收。

圖 3-2 是經帶有螢光標定的奈米微粒作用後的人類腸細胞（Caco-2cells），以共軛焦顯微鏡所觀察到的形態。在上皮細胞表層（深度0μm），所有奈米微粒的組成成分重疊在一起，形成

白色小點，表示奈米微粒在上皮細胞表層仍保持穩定。隨著所觀察的深度增加，白色小點漸漸消失，但仍可觀察到代表胰島素的紅色螢光訊號出現在細胞間隙。這個實驗結果指出，存在於上皮細胞的 pH 值梯度，使奈米微粒變得不穩定而釋放出所包覆的胰島素，且幾丁聚醣可有效地打開細胞間的緊密連結蛋白，促使胰島素可以藉由穿透過細胞間隙，進入血液循環系統中。

當口服胰島素進入血液循環之後，在生物體內的分布狀況及被細胞利用的情形則是另一個值得深入探討的問題。傳統觀察藥物在體內的分布狀況的方法，往往需要犧牲許多的實驗動物（例如：一個實驗時間點需犧牲3隻實驗鼠，五個時間點則需犧牲高達15隻實驗鼠）；隨著科技的進步，目前已經可以藉由結合單光子放射斷層掃描（SPECT）及放射性元素標定，有效降低實驗動物鼠的需求量。在實驗中，我們利用放射性元素碘-123

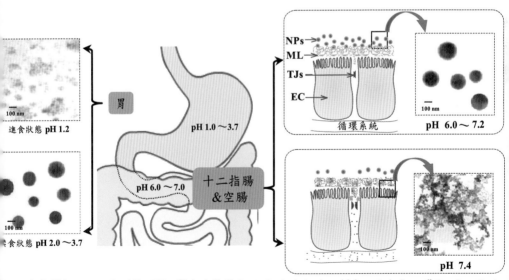

NPs: 奈米微粒，ML: 黏膜層，TJs: 緊密連接蛋白，EC: 上皮細胞　　胰島素　　幾丁聚醣

圖3-1　幾丁聚醣／聚麩胺酸奈米微粒之pH敏感性及作用機制示意圖

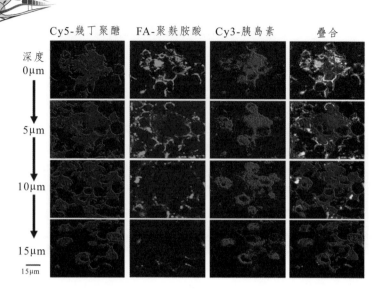

Cy5-幾丁聚醣　　FA-聚麩胺酸　　Cy3-胰島素　　　疊合

深度
0μm
5μm
10μm
15μm

15μm

圖3-2　人類腸細胞經螢光奈米微粒作用後，以共軛焦顯微鏡所觀察到的形態

（iodine-123, ^{123}I）去標定胰島素，並以幾丁聚醣／聚麩胺酸奈米微粒包覆；在餵食實驗鼠之後，於特定時間點以單光子放射斷層掃描觀察胰島素在實驗鼠體內的分布狀況。

　　圖 3-3 是以單光子放射斷層掃描觀察實驗鼠的實驗結果。在圖中可以清楚的觀察到胰島素的訊號不僅只出現在小腸中，也出現在主動脈和腎臟中；此外，在心臟、肝臟及膀胱中也可以觀察到胰島素的訊號。這個實驗結果顯示，藉由口服奈米微粒來投遞胰島素，可有效地促使胰島素被生物體所吸收，並隨著血液循環系統，到達不同的器官。

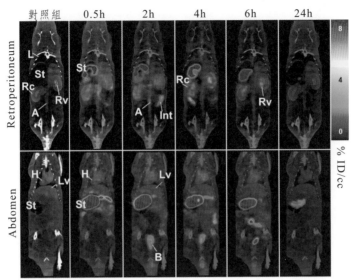

L: 肺臟; St: 胃; Rc, Rv: 腎臟; A: 主動脈; H: 心臟; Int: 小腸; Lv: 肝臟

圖3-3　包覆於奈米微粒中的胰島素在實驗鼠體內的分布情形

　　在證實口服胰島素可被小腸吸收，並到達不同器官後，進一步需要研究的課題，則是細胞是否可以有效地利用此胰島素，使口服胰島素可以在生物體內表現出預期的療效？為了更接近真實生理狀態，在實驗中，我們以無法正常分泌胰島素的糖尿病鼠，做為實驗動物模型。在投藥予糖尿病鼠後，每隔一小時，以血糖儀量測其血糖值，實驗結果如圖 3-4 所示。

　　在圖四的實驗結果可以觀察到，口服投遞胰島素溶液無法使血糖值產生顯著的下降，表示口服胰島素確實需要一個合適的藥物載體，促使胰島素可以有效地被生物體吸收利用。而以目前廣泛使用的胰島素投藥方式皮下注射來投遞胰島素溶液，則會在短時間內，使血糖值大量地下降，且在投藥 3 小時後，就會漸漸地失去藥效；反觀口服投遞包覆有胰島素的幾丁聚醣/聚麩胺酸

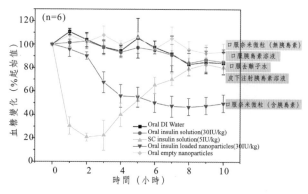

圖3-4 糖尿病鼠血糖值隨時間的變化情形

奈米微粒,則可以使糖尿病鼠的血糖值溫和地下降到起始值的一半左右,並且藥效可以持續達10小時。這個實驗結果驗證了,幾丁聚醣/聚麩胺酸奈米微粒相當具有潛力,做為口服胰島素的藥物釋放載體。

未來展望

目前全世界糖尿病患人口數大約為 2.5 億,預估在 2025 年,將會高達 3.6 億(資料來源:世界衛生組織)。為了維持數量龐大的糖尿病病患的生活品質,許多科學家期望能以病患接受度較高的口服投藥,取代皮下注射胰島素對病患帶來的痛苦及壓力;而我們的研究團隊目前也已研發出一個適合做為口服胰島素釋放載體的平臺技術。希望在科學家們的努力之下,能夠早日開發出一個有效的口服胰島素劑型,增進糖尿病患的福祉。

隨著能源的消耗量越來越高，
地球環境正在逐漸發生變化，我們
有必要重新檢視人類對於不同能源
的使用方式，用「新」的態度看待
能源，然後讓人類得以永續生存與
發展。

4 新能源大觀

人類如何永續生存？

葉宗洸

什麼是「新」能源？

自從人類約在 40 萬年前開始會使用「火」之後，我們便再也脫離不了能源的使用，因為「火」正是能源使用的表現形式之一。遠古時期，人類便已透過生質能的使用來取用火（例如鑽木取火）；古人燒柴、燒炭或燃油來取得火；現代人的能源使用趨於多樣化，火已不再是能源使用的主要形式，取而代之的是「電」。隨著科技的快速發展，我們對能源的依賴度越來越高，而工業、商業、農業以及日常生活的用電，各式機動性機械與交通運輸的用油、用氣，成為人類社會能源消耗的主要形式。相較於古人，我們似乎開發了更多的新能源以供使用，但事實上能源並沒有新舊之分，只是它們被發現的時間不同而已。依據使用時間做為先後順序，能源的類型可區分為：

○再生能源：生質能、水力能、風能、地熱能、太陽熱能。
○石化能源：煤炭、石油、天然氣。
○核能

前述的能源型態之外，過去數十年人類並沒有再開發出任何新能源。有意思的是，經過了數十萬年的演進，我們又逐漸走回老祖宗的能源使用模式。既然如此，為什麼本文要跟大家談新能源大觀呢？原因是隨著能源的消耗量越來越高，地球的環境正在逐漸發生變化，而這個變化的最終結果將是我們不樂見的。因此，在還來得及的時候，我們有必要重新檢視人類對於不同能源的使用方式，而不是去開發緩不濟急的新能源。本文的新能源指

的是用「新」的態度去看待能源，然後讓人類得以永續生存與發展。

各種能源的使用量

過去數十年間，全球能源最大的消耗是石油，其次是煤，天然氣次之；人類對能源的需求日益提高，使得全球能源總消耗量逐年上升。如圖 4-1 所示，2010 年全世界能源消耗總量的成長率爲 5.6%，是自 1973 年以來最強勁的成長[1]。依據經濟部能源局的資料顯示，我國的能源消費在 1990 年至 2010 年的期間成長了 136%，2010 年則成長了 6.4%，石油與煤分別佔當年度全國能源供給的 49% 與 32%，如圖 4-2 所示[2]。全世界及我國的數據都顯示，石化能源（石油、煤、天然氣）的使用比例非常高，屬於低碳能源的核能與水力能總和尚不及任一種石化能源，更遑論再生能源。

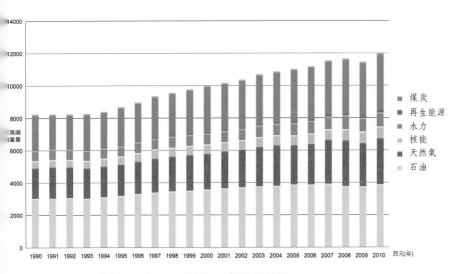

圖4-1　全世界各種能源消耗量的變化趨勢圖

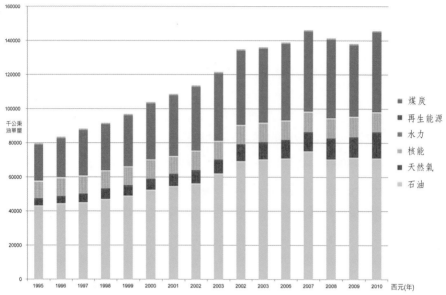

圖4-2　我國各種能源消耗量的變化趨勢圖

看待能源的新態度

　　工業革命後，文明與科技的快速發展導致石化燃料的大量使用，由於石化燃料屬於非再生能源，於是能源短缺的危機意識開始出現，進而引發了石油危機以及因石油而起的戰爭。但是在能源危機真正爆發之前，一個更嚴峻的考驗正逐步發生，現代化的結果使得我們賴以生存的環境開始出現變化，人類的永續生存可能受到衝擊。

　　因此，更進一步了解各種能源的本質，衡量各種能源對地球環境的衝擊，以及考量風險的選擇，這些都是未來我們看待能源應有的新態度。

溫室效應對地球的影響

　　一般的溫室是控制環境中栽種植物的玻璃房子。溫室屋頂及牆面的玻璃板可讓陽光透進，並將其熱能加以保存，溫室中的溫度因此得以控制在一定的範圍內，即使溫室外氣候狀況不佳，植物仍然能夠在溫室中穩定生長。

　　以類似的方式看地球，它其實就像一座超大的溫室，它的玻璃罩就是大氣層中的溫室氣體。事實上，若沒有適當的溫室效應，地表均溫將從目前的攝氏 15 度降為零下 18 度。我們當前面臨的問題就是這個大溫室的保溫效果變得太好，導致過度的溫室效應，因而造成全球暖化。當地表的溫度不斷緩慢上升，融冰現象便會繼而出現。於是極地冰層反射太陽光，降低地表吸收熱量的功能喪失；高緯度地區原本被冰封於大面積土壤中的大量甲烷，因融冰而被釋出，進一步增加大氣中溫室氣體的總量。如此的惡性循環會加速暖化現象的惡化，生物生存的環境終將出現劇烈的變化，不再適合居住。依據目前的暖化速率推算，海平面將於 2100 年上升 15 至 95 公分，到時候荷蘭會被淹沒，孟加拉也將會消失無蹤。

溫室氣體

　　大氣層中溫室氣體大致可分為六種，其中水蒸氣與臭氧為天然環境自然生成，其餘則主要因人類活動而產生，茲將其生成方式說明如下：

○水蒸氣：海水蒸發

○臭氧：氧氣經太陽光照射後的光化作用

○二氧化碳：石化燃料燃燒、森林砍伐

○甲烷：生物體燃燒、動物腸道發酵、垃圾堆放

○氧化亞氮：生物體燃燒、燃料燃燒、化學肥料

○碳氟氯化物（CFC）：人造冷媒

其中，人為溫室氣體對溫室效應的影響如表4-1：

表4-1　人為溫室氣體對溫室效應造成之影響

類別	影響比重（%）
二氧化碳（CO_2）	60.1%
甲烷（Methane）	19.8%
碳氟氯化物（CFC等）	13.5%
氧化亞氮（N_2O）	6.2%
其他氣體（Other）	0.4%

在常用的能源中，煤碳、石油、天然氣都是富含碳的石化燃料，它們都屬於非再生能源。我國去年的能源消耗中，石化能源比率達 91.5%，主要應用於火力發電、交通運輸、工業。而石化燃料從開採、提煉到使用，均會產生溫室氣體，並伴隨二氧化硫、氧化氮等污染性氣體。過去十年政府一直大力推動天然氣發電，用以取代現有燃煤發電，但是隸屬石化燃料的天然氣真的比較環保嗎？表 4-2 為三種主要石化燃料的比較，以 1MJ（一百萬焦耳）熱能產出為基準，燃燒石油與煤碳的 CO_2 產生量分別是燃燒天然氣的 1.29 倍與 1.54 倍。換個方式來看，在考慮 100%

能量轉換效率的條件下，4 度燃煤發電仍會製造 1 公斤的二氧化碳，5 度燃氣發電製造 1 公斤的二氧化碳。使用天然氣取代石油與煤碳僅能緩解 CO_2 排放，並無法有效解決問題。

表4-2 三種石化燃料熱能產出與二氧化碳產生量的比較

燃料	化學式	燃燒反應式	燃燒熱能 (kJ/mol)	CO_2量／ 1MJ熱能 產出
天然氣	CH_4	$CH_4 + O_2 \rightarrow CO_2 + H_2O$	889	1.125mol
石油	C_8H_{18}	$C_8H_{18} + \frac{17}{2} O_2 \rightarrow 8CO_2 + 9H_2O$	5512	1.451mol
煤碳	C	$C + O_2 \rightarrow CO_2$	577	1.733mol

全球暖化的解決方式 —— 低碳能源

因人類活動產生的溫室氣體均含碳，二氧化碳、甲烷、碳氟氯化物富含大量的碳；二氧化碳的主要來源就是石化燃料，使用低碳能源才是降低過度溫室效應的有效方式。此外，甲烷的溫室效應貢獻強度是等量二氧化碳的 24 倍，甲烷大部分是來自於全世界超過百億頭的牲畜，如牛、羊、豬等的腸道發酵排氣行為，因此，減少牲畜的飼養也可以降低甲烷的產出。

認識低碳能源

低碳能源包括再生能源與核能兩種。

再生能源

包括太陽能、風能、水力能、海洋能、地熱能、生質能等，這些再生能源都可以用來發電。

1.太陽能

太陽能的應用方式主要可區分爲熱能與電磁波能。太陽熱能發電站即爲太陽熱能應用的最佳實例，但須配合大面積土地的使用；太陽能電池可將太陽電磁波的能量轉化爲電能，但目前太陽能電池的效率並不佳且成本高昂。依據臺灣電力公司的數據[3]，2011年太陽發電佔我國總發電量不到0.01%。

2.風能

人類很早以前就懂得利用風力在日常生活上，近來由於燃料缺乏、環境保護的重視，各國都發展風力發電。雖然風力不會造成公害而且取用不盡，但是風力不穩定、風向時常改變、能量無法集中、需搭配儲能裝置使用等都是風力發電的缺點。此外，風力發電機的裝置費用高，以每部機功率2百萬瓦（2MW）計算，2010年的造價約爲新臺幣1億元。我國電力供應無法大幅仰賴風力發電，2011年風力發電佔總發電的比例爲0.7%[3]，風力發電機主要集中在西岸及澎湖，總數超過200座。

3.水力能

水力發電是運用水的勢能和動能轉換成電能來發電的方式，是目前人類社會應用最廣泛的再生能源。然而，臺灣地區並無充足的水力資源。2011年我國水力發電所提供的電量僅佔全國總發電量的2.0%（不含抽蓄式發電）[3]。

4.海洋能

海洋能的運用可分為潮汐發電與波浪發電,臺灣地區的潮汐落差及波浪高度(能量)不足以提供有效電力,且相關設施造價及維護費用高昂。另有尚屬概念式設計的海洋熱能及潮流發電,但仍面臨設施造價及維護費用高昂的相同問題。

5.地熱能

地熱發電是利用天然的高溫高壓水蒸汽進行發電,臺灣地區無足夠地熱資源可用以發電。雖然有媒體報導北臺灣發現大量地熱,但尚須進一步探勘與分析,確認其功率輸出的效率,距離實際應用還有相當時間。

6.生質能

生質能就是利用生質作物經轉換所獲得的電與熱等可用的能源。生物質量的來源主要有三:

① 生質作物:甘蔗、甘薯、玉米、大豆、油菜、向日葵等作物可為生質柴油與生質酒精的原料。

② 產氫藻類與菌類:部分海藻進行光合作用時,會產出氫氣;少數菌類於無氧環境中進行消化作用時,也會產出氫氣。氫氣可直接燃燒提供熱能,也可用於燃料電池提供電能,是一種對環境友善的能源。

③ 廢棄物:可直接當作燃料,例如木材與林業廢棄物如木屑等;農業廢棄物如黃豆莢、玉米穗軸、稻殼、蔗渣等;畜牧業廢棄物如動物屍體;廢水處理所產生的沼氣;都市垃圾與垃圾掩埋場與下水道污泥處理廠所產生的沼氣;工業有機廢棄物如有機污泥、廢塑橡膠、廢紙、造紙黑液等。

雖然生質能之料源豐富，且為低硫燃料，可降低空氣汙染，並減少環境公害。但是生質酒精與生質柴油仍然屬於石化燃料，使用時仍會製造出二氧化碳。此外，植物僅能將極少量之太陽能轉化成生物質量；單位土地面積之生質能密度偏低；易受環境限制，土地資源有限，缺乏適合栽種的土地；生物質量之水分偏多（50%～95%），生產能量不及石化能量。

核能

核能是中子撞擊鈾（U）原子，並使其分裂後所產生的能量（因為 $E = mc^2$）。核能發電不會排放二氧化碳或其他溫室氣體，因此屬於低碳的能源，核能的發電效率與石化燃料發電效率相當。與再生能源相較，屬於相對便宜且符合經濟效益的低碳能源。我國目前有三座核能電廠，分別是位於新北市石門區的核一廠、新北市萬里區的核二廠、以及屏東縣恆春鎮的核三廠，2011年核能發電占全國總發電量的 19.0%[3]，另有興建中的核四廠位於新北市貢寮區。然而，現有的核能發電技術是核分裂的應用，因此面臨核廢料處理的問題；核能電廠也有發生核能事故的風險，如 2011 年的日本福島事故。

未來的能源之星 —— 核融合

核融合是人類能源的最終解決方案，也是最友善環境的永續能源，太陽本身即是一座規模極大的核融合反應器，典型的核融合反應是氘和氚融合後釋放出氦、中子以及巨大能量。核融合技術沒有核廢料的問題，也不會有重大核能事故的疑慮，但是目前的技術尚未能開發出符合經濟效益的核融合發電，因此仍有待繼續努力。

能源使用的困境與取捨

現階段再生能源存在效率不佳的問題；核能亦存在核廢料儲存的問題；但是使用石化能源所造成的溫室效應與全球暖化問題正快速地影響地球上所有生物的生存。未來數十年，如果目前的能源使用方式沒有任何變化，遠在核廢料數量大至影響我們生活之前，所有生物的生存即可能因暖化問題而面臨嚴重威脅。我們都聽過青蛙在冷水中被煮而不自覺的小故事，現在的暖化現象正是在緩慢烹煮我們地球，身為地球的公民，同時也是暖化的禍首，我們必須要立即採取行動。不過，核能不是沒有風險的，關鍵是我們必須經過周延的考量，再來做出選擇。

風險的選擇

以下謹提供「使用」與「不使用」核能發電的風險考量做為參考，究竟該如何取捨？我們的最終選擇未必相同，但相信都是以人類的永續生存為依歸。

使用核能發電的風險	不使用核能發電的風險
微量放射性物質排放所造成的健康效應	能源危機再度發生時，對經濟發展所產生的衝擊
核電廠發生嚴重事故的影響	國際上決定管制二氧化碳時，對經濟發展的影響
核電廠興建與核廢料處理所帶來的社會對立	國際能源供需失衡時，國內能源供應的穩定性
核能電廠會成為戰爭攻擊目標	能源輸送入境遭封鎖時，國內能源供應的持續性
	再生能源效率不足，石化能源導致溫室氣體排放量增加，全球暖化問題日益嚴重

結語

作為本文的作者，我必須說明自己的立場。我的看法是，在再生能源的問題未獲得有效解決之前，透過核能安全的強化與監督，核能廢棄物的妥善處置，我們可以在臺灣創造一個低碳家園，善盡地球公民的責任。

我們可以在現階段暫時使用核能，待再生能源技術發展成熟且效率提升之後，再逐步改用再生能源。或者核融合技術發展成功後，改用核融合發電。另一方面，不管我們使用那一種低碳能源，真正有效的工具還是節約能源；多蔬食、少吃肉，也可減緩暖化問題。無論如何，為了人類的永續生存，我們必須重新看待我們習以為常的能源使用方式，利用「新」能源協助解決溫室效應與全球暖化問題。

參考文獻

1. BP Statistical Review of World Energy June 2011, BP p.l.c., www.bp.com/statisticalreview.

2. 經濟部能源局網站資料，能源供給表，http://www.moeaboe.gov.tw/Download/opengovinfo/

   Plan/all /energy_year/main/files/06/table-6-01.xls

3. 臺灣電力公司2011年年報，http://www.taipower.com.tw/TaipowerWeb//upload/files/32/2011_tpc.pdf

「滿」的感覺表示洋芋片達到「最密堆積」，此現象名為RCP。如何設計洋芋片的大小和形狀，使得每包只裝最少的洋芋，得到最小的RCP密度，關係到商人的利潤。同樣的現象也發生在藥廠上，考量卻剛好與洋芋片廠商相反，他們希望達到最大的RCP密度，以期在費用上節省開支。

5　軟物質演講

波卡為什麼沒吃幾片就空了？

洪在明

「波卡為什麼沒吃幾片就空了？」這不單是個簡單的心理問題，我們希望從物理的角度，藉由此提問來介紹在清大物理系510A「揉皺實驗室」進行的幾個歸類在軟物質（soft matters）物理的有趣現象：

何謂軟物質現象？

1.隨意最密堆積實驗

首先介紹的是，由傅天約同學負責的「隨意最密堆積實驗」（Random close packing 或簡稱 RCP）：

要解釋洋芋片的窘境，首先要聲明的是，在波卡還未拆封前，是因為其中充了氮氣才會看起來「鼓鼓的」。我們所要探討的題目則與之不同，而是拆封後，明明從包裝袋外頭摸起來很滿，為什麼卻令人感覺沒吃幾片就空了？

「滿」的感覺表示洋芋片達到「最密堆積」，而且顯然它們是隨意排列的，這個現象名為 RCP。站在「奸商」的角度，如何設計洋芋片的大小和形狀，使得每包洋芋片可以最少的洋芋，得到最小的 RCP 密度，關係到商人的利潤。同樣的現象也發生在藥廠上（或是任何需要包裝盒的公司），他們的考量剛好

與洋芋片廠商相反，他們希望藉由設計膠囊的形狀大小，使得同樣數目能夠裝進較小的藥瓶，達到最大的 RCP 密度，以期在塑料和運送費用上節省開支。例如傅天約同學研究的鋼珠和 BB 彈，如果像超商展示的蘋果一樣排列起來，體積密度可以達到 0.74，但是 RCP 卻只有約 0.64。經過許

多次重複的實驗，發現硬球在籃子裡的排列一定不可能完全相同，但是最後當（在新約聖經的路加福音 6:83 節有提到）『連搖帶按』都無法讓密度再提高時，我們發現密度竟然都落在這個神奇的 0.64 數字上。明明有序排列可以達到 0.74，（除非作弊）密度就是怎麼都再也上不去，這是個有趣的現象。我忘了聲明，上面的描述只適用於大籃子，因為小空間會引入邊界效應（finite-size effects），使得 RCP 密度不再是 0.64，並且與容器的形狀大小有關。天約是個虔誠的基督徒，從事這個新約提到過的實驗，他反向思考，專注在這個大家避談的邊界效應（畢竟真實的包裝盒不可能是無窮大），故意把容器減小，有趣地發現 RCP 密度除了會隨系統尺寸作週期震盪外，在很特別的幾個情況竟然可以超過 0.64。

2.起瓦現象

我們第二個要談的，是由沈維昭、汪依平和高麗麗同學負責的「起瓦」現象：

這個故宮博物院委託研究、有著文言名稱的現象（我知道弄瓦是歧視女孩），普遍存在東方捲軸字畫的展示上。只要隨便拿一張捲過的 A4 紙，攤開來時，就可以觀察到中段的兩端會朝上方（如果是在博物院，那就變成是朝外）翹起來，故宮並不想煞風景地攔腰綁一條繩子、把畫壓平（即使這麼做，只會把翹起來的部位移到 1/4 和 3/4 段），因此如何消弭這個有四、五百年

記載的討厭現象是個很重要（也可能幫你賺到終身免費參觀故宮的禮遇）的研究。

想要探討彎曲薄膜的形變，源自早期的揉皺（crumpling）實驗，當時我們對吸管在彎折到特定角度時會突然折斷（snap）的現象很感興趣，因為此時出現的折線和薄膜表面的折痕類似。於是我們想知道吸管在變形（buckling）時的折斷角度如何隨半徑或材質而變？如果能先解決這個（相對）簡單的問題，再接著探究薄膜的折痕（ridge）長度和小平面（facet）面積分佈在統計上有什麼規律，例如會不會類似空氣分子動能滿足的波茲曼分佈？若得到的結果是肯定的話，那是否暗示我們可以定義一個等效的溫度，來描述薄膜被揉皺的程度？；或是兩個不同材質的薄膜，被一起揉皺後（想像兩輛不同廠牌的汽車對撞或燒紅鐵棒插入水中），兩者的揉皺溫度如何達到平衡？

更誘人、也是我們正在秘密進行的延伸研究，是推廣來研究長形氣球在充氣過程中的彎曲形變（erection），和最後將氣球前端戳破時漏氣（ejaculation）所造成的不穩定擺動（fluttering），日後可望因此為清大爭取到本土的第一座（搞笑）諾貝爾獎（在座同學就不要問我如何應用到人體工學或徵求義工來擷取實驗數據）。

3. 撕膠帶放X光實驗

接下來，我們要介紹的是周明翰、周伯豪和吳雯莉同學負責的「撕膠帶放 X 光」實驗：

在我們第一次去清大加速器業務中心，請他們幫忙測量撕膠帶時放出的X光劑量時，工作人員一副不以爲然地，認爲我們不是杞人憂天，就是提早在玩四月一日（愚人節）的遊戲。他老大不願意地把類似蓋格的計數器拿來借我們，等到聽到急促的滋滋響聲，大家馬上都放下工作，圍攏過來，開始有人驚呼

「哇，你看超標了！已經超過需要列管的劑量！」。大家不用擔心，你們先前撕過的膠帶不會在各位身上留下不好的影響，原因是這裡談的X光劑量很容易就會被空氣吸收（我們的膠帶是擺在真空腔裡才量得到X光）。

要討論這個現象，會用到兩個機制。首先是類似將塑膠棒在毛皮上摩擦，當黏膠和塑面分離的時候會產生的「靜電」。事實上，從日常經驗裡，剛撕下來的膠帶常會纏著手就可以知道，膠帶具有這樣的特質。接下來要討論的，也是我們希望在實驗上直接觀察的，是靜電需要匯集，才能在局部達到夠強的電場。我們猜想，這可能和黏膠在分離前的拉絲（filamentation）有關。礙於篇幅，無法詳細告訴各位，撕膠帶也會放出的可見光有何等重要性，但是仍需感謝臺灣本土生產膠帶的龍頭「四維公司」在此實驗中，給予我們的技術指導。

4. 聲致發光實驗

最後要介紹的，是張苑馨、林坤南、許馨予和鄭詠允同學進行的「聲致發光實驗」（sonoluminescence）：

張苑馨同學曾經提議，在情人節時要開放我們的實驗室讓

男女朋友入場，並且設計了一套劇本，讓男主角羅曼蒂克地告白：

> 「親愛的，雖然我沒有辦法幫你把月亮摘下來，
> 至少讓我把星星擺在桌上送給你」。

女主角是否有被打動，並不是最重要的，畢竟在我們的實驗室當中，這句話不只是個情話。

左圖玻璃試管中間，略呈藍白色的小亮點的溫度約為數十萬，它的溫度可從黑體輻射公式估計出來，因為表面溫度約六千度的太陽看起來略黃，而藍光的頻率比黃光高；假以時日，小亮點真的可能達到恆星內部百萬度的融合高溫。這個將超聲波轉換成光能的現象利用的原理，叫「空蝕效應」（cavitation），它普遍存在我們生活環境的周遭，例如擠壓手指關節時發出的聲響、冬天有些枝葉的掉落、輪船推進槳的腐蝕、半夜水管發出的怪聲響（water-hammer effect）、卡布其諾咖啡在用蒸氣準備奶泡時會放光、甚至如遠洋漁船捕捉到的鮪魚尾部常發現的圓形傷口等等。海洋大學最近投資了數十億元購置的水漕，就是專門拿來測試此效應。

鳥之將死，其鳴也哀（好像文章收尾都需要來一句，以前神奇寶貝卡通結束就是這樣，大木博士照例會出來吟首詩），最後為大家解釋「聲致發光」背後的物理觀念：我們先在玻璃瓶裡打氣泡，浮力本來會使氣泡上升；當我在在瓶子兩端貼上通交流電的壓電片時，壓電片會週期性的收縮膨脹，這相當於規律地拍打玻璃，因此在瓶內液體產生一陣陣往球心傳播的壓力波，而使

氣泡停在原處。當聲波攜帶的正壓力夠強、夠急時，氣泡收縮的速度一旦超過泡內氣體的聲速，會造成類似超音速的噴射機產生的（一樣向球心傳播的）音牆。音牆的溫度和壓力都比牆外的氣體高，基本上它攜帶了壓電片在每週期對液體所做的功。當音牆塌縮到圓心附近，體積達到最小，使得每一個氣體離子（因為溫度高到這個程度，氣體早已游離）分到的能量變得很大，這就可以解釋溫度為什麼會飆得那麼高。

最後，由衷感謝施宙聰、齊正中、蕭百沂、王立邦、黃國柱、杜其永、陳志強、依林和羅榮立教授們以及林楓凱先生的技術支援和寶貴意見，同時也要聲明，我們實驗室的主要經費來自國科會。

幾百年來，科學家對腦功能的探索，常苦於觀察的技術不夠精準，無法看清到底腦中的神經是如何形成網路，因為它們長得太多、太密。只有在看清之後，才能知道來龍去脈，找出關鍵，提綱挈領。

6 影像建構之科學

換個腦袋看看

張修明　　　　江安世

　　「見諸毫芒，識之精微」是清華大學藝術中心在 2005 年邀
請腦科學研究中心辦的一次小展覽中，門口所掛的對子。意思是
指「藉由細密的觀察，來體驗所涵蘊的奧妙。這個敘述用來說明
神經科學，尤其是神經解剖學，是再恰當不過了。清華腦科學研
究中心所關注的問題，就是腦袋如何組織其中成千上萬的細胞，
形成具有功能的叢集，來調控動物的行為，就像電腦中的模組。

圖6-1　果蠅腦神經系統掌管學習與記憶，在灰色的腦殼內，藍色和黃色
　　　　的是腦組織。綠色和紫色的神經則是用來傳送外界氣味的信號至
　　　　腦中。

特殊配方使腦組織變透明以便觀察

FocusClear™ 3D microscopy is a patented technology (US 6472216 B1)
making biological tissue transparent for high-resolution 3D imaging.

2008 行政院 傑出科技貢獻獎

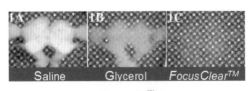

Saline　　Glycerol　　FocusClear™

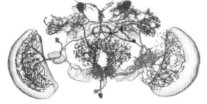

FlyCircuit Database

圖6-2　清大腦科學中心，以顯微手術方式，取得經基因改造過、內含會發亮的螢光神經的果蠅腦組織，再利用已獲世界專利的組織透明配方，使果蠅腦透明，如此便能清楚地在顯微鏡下觀察單顆神經細胞。

大腦知多少？

　　人類對大腦功能的好奇，由來已久，自有知識起，學者就注意到人的心智有別於其他動物。到了17世紀下半葉，英國的科學家認定腦才是心靈的源頭。數百年來，科學家對腦功能的探索，常苦於觀察的技術不夠精準，無法看清到底腦中的神經是如何形成網路，因為它們長得太多、太密。只有在看清之後，才能知道來龍去脈，找出關鍵，手到擒來。人腦中約有一千億顆細胞，要把它們分門別類，這個鉅大工程以目前的科技還無法達

成。不過，有些生物，它們的腦細胞數量沒那麼多，但仍能執行相當複雜的功能，比如說，果蠅，便是清大腦科學中心研究的模式生物。果蠅腦中約有十多萬顆神經，掌管基本行為如吃喝，高階如學習等的各類行為。其腦神經網路，可視為人類腦中網路的雛型。

三維虛擬實境：果蠅腦神經研究

果蠅的腦組織不大，約 $600 \times 250 \times 150$ 微米，體積不到人腦的千萬分之一。但是要看清其中每一顆細胞，仍是件不容易的事，從前也沒人辦到過。過去數年中，我們先以顯微手術方式，取得經基因改造過的果蠅腦組織，再利用已獲世界專利的組織透明配方，製作出透明果蠅腦，內含會發亮的螢光神經，以共軛焦顯微術做腦部斷層掃描，攝取一百多張斷層圖，經電腦重建就能取得完整的腦內三維神經構造。在螢幕上觀察透明腦內的神經三維構造，就像在看水晶球內的一條彩帶，只要翻轉不同角度，就可以看到各處的細節。果蠅腦中的神經像一個複雜的多腳章魚，神經纖維由頭部的細胞本體伸出，樹突和軸突分別伸到不同的位置，有的像扇子，有的像綴飾，有的像套索，多采多姿。收集了這些影像之後，將它們一一放入由電機系師生團隊所建的標準腦空間中。如此所建立的神經影像資料庫，不僅可以觀看單一的神經，也可以將它們做任意組合，以形成網路。與國家高速網路與計算中心的專家合作，這些神經影像（如圖6-3）資料可以經由網際網路，傳送至世界各地。雲端資料運算的作法，也早已在我們的設計考量之中。在建構過程中，許多做法都是世界首創，比如說把神經線路的搜尋，做成像全球定位系統一樣，可以在腦中任意位置找尋有用的神經細胞，而且如同網路地圖，採用全圖形

界面。整套系統除了影像內容外，軟硬體設備也絕大多數是由我們自己設計組裝的。

目前全世界能將腦中神經個別神經的三維影像拍攝並整理成圖譜資料庫的，就只有清華的腦科學研究中心。此項成果不僅登上研究期刊的封面，也被美國「紐約時報」認為是相當於人類基因體計畫的劃時代成就。這也是跨領域合作的成功例子。我們相信，要解決像腦神經功能這類大而複雜的問題，必須綜合運用不同領域裡的技術才能達成，是真正需要創新的組合。在神經生物上，我們有紮實的基礎，再搭配清華大學及新竹地區在理工方面的優勢，讓我們可以從各種角度來切入解決研究腦功能和神經網路中所面臨的各種困難。這也是清華腦科學中心的特色之一。除了資訊和影像外，微機電、化工、光學，甚至物理，都有學者

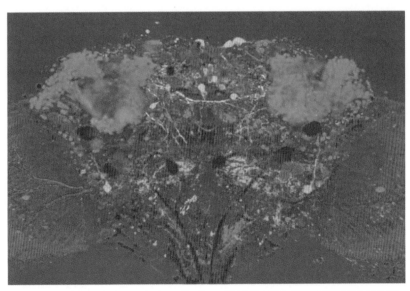

圖6-3　腦神經的複雜不是任何一個單一學科可以解決的。各種顏色代表數量不同，基因各異的神經，但共同掌管記憶的功能。

專家和我們合作，這也可以讓學生儘早就開始跨領域的對話。

在我們所做的資料庫中，可發現許多人們前所未見的神經細胞，其大小與複雜程度，都超乎想像。除了新奇之外，更有美麗。面對大自然在數百萬年裡耐心打造出的精品，人類的藝術家只能對腦神經結構中精緻的繁複驚艷連連。而且我們也發現，果蠅腦中調控記憶的蛋白質和哺乳類動物極為類似。最近更發現果蠅儲存記憶的位置，與過去三十年研究人員所想像的不同。這些成果都是因為我們真正得到精準的神經結構，映證「見了人所不能見，才能言人所不能言」這句話。不限於果蠅，我們的影像技術也可以用在研究哺乳類動物的組織，小鼠的消化系統和腦組織，都是現在正在進行的研究題材。除了科學成果外，清華腦科學中心也架設了三維虛擬實境來呈現果蠅的神經網路。這讓艱深的神經科學，變成突顯在人眼前的場景，不僅可以幫助研究，也可以用於教育和多媒體，甚至如果有人用心規劃，也可能變身為娛樂的素材。腦科學中心所發掘的是人類前所未見的景像和知識，其後的發展，將只受限於研究人員的想像力而已。

果蠅在自然界也是經過嚴格環境考驗而存活下來的物種，就適應能力而言，與人類也是平起平坐的。這讓我們在研究時，對果蠅不得不油生敬意。所以當我們透澈地了解果蠅的腦神經網路之後，對人類的腦功能、發育和疾病也一定會有啟發性的開示。

這些三維的神經影像，還可以提供製作成虛擬實境的電影，將神經科學甚至醫學帶至「阿凡達」的境界。如此也意味，好的影像資料，除了可在一般科學活動中，作為觀察，假設，實驗及結論的內容之外，在這活動的最後一里路「傳播」上也能以令人耳目一新的媒體，最好能讓人在娛樂中同時獲取新知，從而

達成有效提昇社會知識水準的目的。

　　腦科學在解決當今腦神經功能的問題（如心智，記憶或行為）時，也同時啓發開拓了未來科技的新領域（在資訊，工程或生醫療科學，甚至理論計算），因此是個充滿前瞻性的學問。這個跨領域的環境中，到處都是對人類智慧和技術的挑戰，所以歡迎且需要各式各樣的想法和技術，來克服研究中的障礙。觀察力強、細心及毅力，當然還要夠聰明，那就來這裡，和我們一同揭開大自然法櫃上的重重封條，享受智慧火花閃耀時的喜樂。

很多人在念小學時，養過蠶、看過蠶吐絲、摸過蠶繭，說不定還蓋過蠶絲被！當大家聽到利用蠶絲製作電晶體，皆倍感興趣！能在材料領域找到一個材料的新用途，且是價格不高的蠶繭更增添其在產業應用的可能性。

7 蠶絲在可撓式有機薄膜電晶體上之應用

開發蠶絲電晶體為新材質之運用和突破

黃 振 昌

有一陣子，朋友問我說：「你在做什麼研究？」，一時嘴快，答道：「蠶絲電晶體」。總引來驚訝聲，問：「怎麼有辦法在一根蠶絲上來製作電晶體？真厲害！」這下子誤會大了，其實我也沒辦法在一根蠶絲上製作電晶體，只是把蠶絲當作電晶體的原物料，用它來製作高性能的電晶體元件，我當然希望未來，能在一根蠶絲上製作電晶體，但目前仍無法做到。

每次談到「蠶絲電晶體」，總能吸引大家注意，究其原因，是因很多人在念小學時，養過蠶、看過蠶吐絲、摸過蠶繭，說不定還蓋過蠶絲被！當大家聽到可用蠶絲來製作電晶體，倍感有趣，想知道如何做到的？且聽我訴說如下：

「有機薄膜電晶體」的英文名稱為organic thin film transistors，簡稱OTFTs，有機薄膜電晶體是電晶體的一種，採用有機薄膜當作傳輸的半導體層。

若改採用無機薄膜當作傳輸半導體，就稱為「無機薄膜電晶體」。有機薄膜電晶體有成本便宜、大面積生產、可撓性（flexible）或可捲性（rollable）等優點，可應用於軟性電子書或軟性顯示器，各國產學界都很積極投入研發，只要使用google查詢「flexible OTFTs」、「flexible e-paper」、「flexible display」或「rollable display」等關鍵字，就可取得大量資訊及相關影片。

有機薄膜電晶體的結構及工作原理很簡單，可由圖7-1舉例說明：

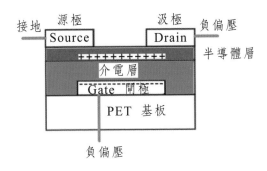

圖7-1　薄膜電晶體的結構及運作方式

　　若你到書局買投影片,那用 PET 材料製作的透明薄片,可當作軟性基板,在製作時,先將遮罩(shadow mask)放在 PET 上,露出一個開孔,鍍金當作導電的閘極電極(gate electrode);在閘極電極上,鋪一層絕緣材料當作閘極介電層(gate dielectric);再上一層有機半導體層,最後用遮罩蓋住有機半導體層,露出兩個開孔,鍍金當作源極(source)以及汲極(drain)電極,就完成「有機薄膜電晶體」的製作,這是兩道遮罩的製程,一學就會,不難。

有機薄膜電晶體特性

　　有機薄膜電晶體還具「開關」功能,在操作時,一般會將源極接地,此時若在汲極加上 -5V 負偏壓(bias voltage),因有機半導體層阻抗大,源極與汲極不導通,沒電流通過汲極;但若在閘極加上 -5V 負偏壓,聚集在閘極電極的電子,會吸引在有機半導體層的電洞,到介電層附近,因介電層的絕緣性質,電洞和電子被介電層隔開,此時因汲極有 -5V 負偏壓,會驅動有機半導體層的電洞往汲極移動,使電流通過汲極。換句話說,有機薄膜

電晶體視同「開關」，當閘極不加偏壓時，源極與汲極不導通，當閘極加上 -5V 負偏壓時，源極與汲極會導通。

場效遷移率

電晶體元件的開關速度是元件的重要性質，「有機薄膜電晶體」有一個元件特性，叫做場效應遷移率（field-effect mobility），是電晶體元件操作速度的指標。「有機薄膜電晶體」的缺點之一，就是其場效應遷移率比無機薄膜電晶體慢很多，因此，如何提升「有機薄膜電晶體」的場效應遷移率，是重要的研發方向。

投入有機薄膜電晶體研究的實驗室大多集中在電機系以及化學系，原因有二：

1. 「有機薄膜電晶體」是電子元件，電機系有很好的專業訓練，

2. 新的有機半導體層，需有機化學合成知識，化學家最擅長。幾年前我們投入此研究時，自知專長不在有機合成，也不在電子元件設計，就以尋找有機薄膜電晶體所需的絕緣體材料為研發方向，我們認為若能找到合適的絕緣體材料當作閘極介電層，應能提升有機薄膜電晶體的元件特性。找到蠶絲當作閘極介電層的原物料，就是最佳的案例。

蠶絲於電晶體之應用

蠶絲是天然材料，常用於紡織品，逛街時，常看到路旁廣告招牌有「純蠶絲」三個字，若不是賣內衣就是賣蠶絲被，

我從沒想過蠶絲與電子元件研究有關，會使用蠶絲當作「有機薄膜電晶體」原物料，是上帝的賜福，從天上掉下來的禮物。2009 年 3 月左右，我的博士班研究生王中樺提出使用蠶絲當作閘極介電層的構想，此構想很有趣、也很瘋狂，簡單討論後，認為可以嘗試看看。王中樺帶著另一位研究生謝兆瑩，經過一次又一次的失敗，克服很多未知的困境，終於找出製作技巧，當年 11 月某一天晚上，我接到王中樺的電話來報喜，說：「含蠶絲的五苯環（petnacene）有機薄膜電晶體的場效應遷移率達 $6cm^2V^{-1}s^{-1}$」，電話兩頭都很驚喜，我們都不知會有這麼好的結果，哪知好戲在後頭，中樺持續改善製程，到隔年三月，場效應遷移率竟高達～$20cm^2V^{-1}s^{-1}$，大大破了有機薄膜電晶體的元件記錄[1]，一般的有機五苯環薄膜電晶體，若以二氧化矽當作閘極介電材料，場效應遷移率約 $0.2cm^2V^{-1}s^{-1}$，改用此蠶絲膜，場效應遷移率大幅提升了約 100 倍，此成果是軟性有機電子的重大突破。[2]

若你上 Wiki 百科全書，輸入「蠶」，就知家蠶的學名為 Bombyx mori，所吐的蠶繭是由一根約 300-900 公尺長的蠶絲纏繞而成的。由一條蠶絲的截面來看，蠶絲是由在內部的蠶絲蛋白（silk fibroin）以及包圍在外的絲膠（sericin）構成的，王中樺與謝兆瑩，所研發出來的技術是，自蠶絲萃取出蠶絲蛋白，製作成蠶絲蛋白水溶液。此蠶絲蛋白是一種生物蛋白質，由一串胺基酸序列：甘胺酸—絲氨酸—甘胺酸—丙胺酸—甘胺酸—丙胺酸（Gly-Ser-Gly-Ala-Gly-Ala）重複所組成的[3]，透過磷酸溶液切割此蠶絲蛋白，可製作電子級的蠶絲蛋白水溶液。

在製作「有機薄膜電晶體」時，將蠶絲蛋白水溶液均勻鋪在已蒸鍍金閘極電極的 PET 軟性基板上，乾燥形成一層厚度約

New generation of OTFTs-experiment

Fabrication of pentacene TFTs (silk fibroin)

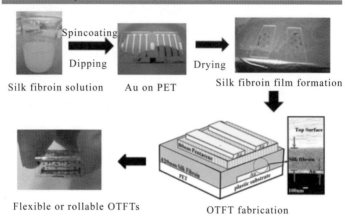

圖7-2　以蠶絲蛋白為閘極介電材料的五苯環有機薄膜電晶體的製作流程

420nm 的蠶絲蛋白薄膜介電層，再以熱蒸鍍法，蒸鍍五苯環有機半導體層，最後再鍍上金源極以及汲極電極，就完成「五苯環有機薄膜電晶體」的製作，因「五苯環有機薄膜電晶體」是以PET、蠶絲蛋白及有機材料組成，具可撓性，甚至可捲性。（見圖 7-2）

　　蠶絲蛋白薄膜當作閘極介電層有幾個優點，最重要的優點是提升五苯環半導體的結晶性質，增加電洞在五苯環的傳輸速度。

　　圖 7-3 及圖 7-4 是「五苯環有機薄膜電晶體」的輸出特性
（output characteristics）以及傳輸特性（transfer characteristics），按電晶體的元件物理，可得到元件特性如下：

○場效應遷移率高達～$20cm^2V\text{-}1s\text{-}1$，

○臨界電壓（threshold voltage）約$0.56V$，

○開關電流比（I_{on}/I_{off}）約9×10^4，

○最高介面捕捉缺陷密度（maximum interface trap density）約$3 \times 10^{11}cm^{-2}eV^{-1}$。

　　我們很高興這些元件特性，改寫有機薄膜電晶體的元件記錄。

　　能支持並參與「蠶絲蛋白在可撓式有機薄膜電晶體的應用」的研發工作，是很愉快的人生經驗，一個好的研究成果，需要有三個條件：原創性的構想、優秀人才和財力支持，其中最重

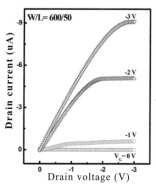

圖7-3　以蠶絲蛋白為閘極介電材料的五苯
　　　　環有機薄膜電晶體的輸出特性

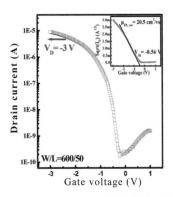

圖7-4　以蠶絲蛋白為閘極介電材料的五苯環
　　　　有機薄膜電晶體的載子傳輸特性圖

　　要的就是原創性的好構想，我很高興蠶絲蛋白深具原創性，有出
乎意料的元件特性。我很慶幸有優秀的研究生，也很感謝國科會
計畫在財力的支持，讓此研究構想得以實現。值得一提的是，
此研發成果有產業應用的潛力，2011 年我們受邀參加比賽，獲
得時代基金會主辦的「2011 臺灣生醫暨生農產業選秀大賽」的
「潛力新秀獎」，此獎是以產業觀點，對含蠶絲蛋白電晶體研發
工作的肯定。

　　蠶絲蛋白薄膜改寫了「五苯環有機薄膜電晶體」的元件紀
錄，回頭來看此研發成果，豁然了解，在材料領域能找到一個材
料的新用途，是令人高興的。尤其是蠶繭很便宜，增添其在產業
應用的可能性，試想，一床蠶絲被只需幾千塊錢就可買到，一床
蠶絲被可製作多少顆電晶體？光想這點，就覺得「找對材料」是
多麼重要。

　　每當我受邀演講此研發工作，總有人問我，可不可以用蜘
蛛絲來取代蠶絲？我所知道的是蠶絲很便宜，蜘蛛絲很難取得，
其胺基酸序列比蠶絲複雜，但誰知道實驗結果會怎樣呢？更有趣

的是，也有朋友問我：「有沒有可能用頭髮來做電晶體的原物料？」我笑一笑，構想越稀奇越好玩，若能投入時間心力試一試，答案就會知曉。

參考文獻

1.H. Klauk, Chem. Soc. Rev. **2010**, 39, 2643.

2.C.-H. Wang, C.-Y. Hsieh, and J.-C. Hwang*, Adv. Mater. **2011**, 23, 1630.

3.C.-Z. *Zhou et al. Proteins* **2001**, 44, 119.

致謝

謝謝王中樺、謝兆瑩的研發工作；謝謝李雋毅、張庭豪協助拍攝照片。

生物群體可透過簡單的個體行爲準則，並且僅利用區域性資訊和分散式管理，達到複雜的群體智慧。若能將其運行機制移植到人類的無線裝置，相信所構成的大型無線網路亦能展現驚人的群體效益！

8 從螞蟻循跡和螢火蟲閃爍到無線通訊網路

生物群體的運行機制解決人類工程問題

洪樂文

無線通訊網路遍佈於我們生活的四周。除了當今最熱門的手機行動通訊系統以及在辦公室或家中用來上網的無線區域網路之外，尚有許多無線網路的應用，例如用在環境或工廠監控的無線感測網路、用以提升生活品質的無線智慧家庭網路、以及用以連繫路上車輛的無線車載網路等。無線網路的應用日益增加，也愈來愈普及於我們的生活。在未來的世界裡，我們期待所有的無線系統都能互相聯結，構成一個大型的異質無線通訊網路，將人與機器、社群與生活環境做緊密的連結。

無線網路面面觀

在設計大型無線網路時，會面臨許多難以解決的工程問題，如演算法的可擴充性問題、系統的強健性問題、分散式管理的問題以及傳輸頻寬限制的問題。

1.可擴充性和系統強健性

所謂演算法的可擴充性，所指的就是這個演算法在大型網路中是否依然可以有效運作的特性。很多的演算法並不具有此功能，例如，當我們有三、五好友打算相約看電影時，我們可以由其中一位同學一一地打電話聯絡所有人；但是，當有三、五萬人要一起去看電影時，一個一個的打電話聯絡，似乎就不是有效率的做法。另外，一個系統是否具備強健性，端看系統是否容易因為少數電子設備的損壞或是遭受攻擊而造成系統的癱瘓。

2.分散式管理和傳輸頻寬限制

在網路管理方面若要採取集中式的管理，網路往往需要很複雜的控制機制以及大量的溝通頻寬，在實際的無線系統下是不

被允許的；然而，若要採用分散的管理方式，亦即由每個個體或是小群體做自我管理的方法，又不容易達到系統的最佳化。因此，要設計一個能有效運行的大型無線通訊網路，是一件極具挑戰的事情。

3.自然界的大型生物群體網路

有趣的是，在自然界中其實隨處可見具有上述特性的大型生物群體網路。這些生物群體透過簡單的個體行為準則，並且僅利用區域性的資訊和分散式的管理，達到複雜的群體智慧。人們熟知的例子有：螞蟻的循跡覓食行為、螢火蟲的同步閃爍行為、蜜蜂的集體築巢行為、魚的群游行為、神經細胞操控生物的感知與反應的行為等。若能將這些生物個體的運行機制移植到我們的無線裝置之中，相信其所構成的大型無線網路亦能展現驚人的群體智慧。以下，作者以網路路由問題和網路同步問題為例，介紹如何透過仿效螞蟻的循跡覓食行為和螢火蟲的同步閃爍行為，得到有效解決上述問題的方法。

網路路由：尋找「最佳路徑」

首先，何謂路由問題？

> 路由問題基本上就是如何找出從甲地到乙地的最佳路徑的問題。

這樣的問題是我們平常開車上路或是出遊所會面臨的問題。同樣地，在大型無線網路中，相隔兩地的電腦若要互相溝

通，其所傳送的訊息需要經過網路中的不同路徑，並利用不同的路由器或是電腦的轉傳，方能將訊息從傳送端順利地送達目的端。在傳送之前，電子裝置必須先確認訊息應透過哪些裝置的轉傳，也就是應透過哪一條路徑來傳送才是最好的。所謂的最佳路徑在不同應用中有不同的定義；在網路中，這可以是傳送延遲最短的路徑、傳送頻寬最大的路徑、傳送最可靠的路徑等。若每個電子裝置上都備有無線網路的完整圖資（亦即哪些電子裝置間有連結、每條連結上的頻寬和延遲為何等），即可利用許多有效的演算法（如 Dijkstra 演算法或是 Bellman-Ford 演算法）來幫助我們計算出最佳的路徑。然而，無線網路最大的挑戰即在於無線裝置都是不時地在移動，而且通訊連結經常是不穩定的。因此網路圖資每分每秒都在改變。試想，若汽車導航系統的圖資過時，我們就會經常面臨找不到路的窘境。此時，我們可跟廠商購買更新的圖資或是上網下載新的資訊。但是在無線網路中，並沒有一個可即時監控網路變化的中央控制臺，此時，網路中的各個裝置應如何取得圖資呢？傳統上經常使用的方法，就是透過不斷地跟鄰居（亦即有直接連結的其他無線裝置）打招呼進行資訊交換，如圖 8-1 所示。每次跟鄰居打招呼，不僅可以讓兩人得知彼此之間的連結狀態，更可以互相告知自己已取得的圖資。藉由不斷反覆地打招呼，最終每個裝置都將能取得完整的圖資。然而，若網路過大，要取得完整的圖資相當費時，而且，在網路不斷變動的情況下，這樣的不斷更新會相當耗費頻寬資源。

路由演算法

　　過去幾十年，工程師們不斷研擬並提出不同的路由演算法。有的方法會定期地更新圖資，以能提供即時的圖資為目標；

有的方法則在有資訊要傳遞時才做路由探索，但卻需經歷較大的時間延遲。

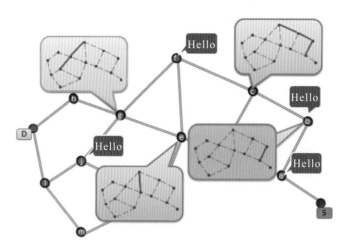

圖8-1 與鄰居打招呼的圖資探索方式

　　然而，有效的路由演算法在螞蟻群體中早已存在，牠們又是如何辦到的呢？若以蟻窩為出發地且以食物為目的地，螞蟻群體首先會送出一大群的螞蟻去隨機的探索路徑。這些螞蟻會採取「凡走過必留下痕跡」的方式，在走過的路徑上散發一種叫做費洛蒙的化學物質。這些留下的費洛蒙會吸引後來經過的螞蟻傾向於選擇同樣的路徑。費洛蒙愈強，螞蟻遵循此路徑的機率就愈高；一旦螞蟻找到食物，牠就會順著費洛蒙較強的路徑，回到蟻窩。若蟻窩和食物之間存在長短不同的路徑，其中較長的路徑，會因為費洛蒙隨時間的散去而導致較少的螞蟻選擇遵循這條路徑，也因此降低費洛蒙累積的機率。最終，所有的螞蟻就會循著較短的路徑，往返於蟻窩和食物之間，如圖 8-2 所示。

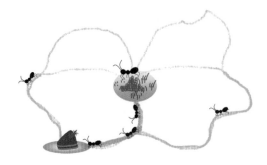

圖8-2 螞蟻循費洛蒙尋找最佳路徑的行為

　　在無線網路中，我們也可以依循這樣的做法，讓傳送端裝置定期的發送探索路徑的螞蟻封包。路徑上所經過的每個裝置都會紀錄與其相鄰的每個路段的「費洛蒙」量，螞蟻封包則會依據這個量隨機的去探索路徑。當螞蟻封包在到達目的端後，會循著原本走過的路徑回到出發端，並沿路更新路徑上裝置所紀錄的費洛蒙量，以供後來經過的螞蟻封包作為探索路徑的依循指標。這樣的方式極具強健性，因為只要一個連結斷掉，在其他路徑上會留有最佳取代路徑的訊息。此方法亦極具適應性，可因應網路變動速度和可用的頻寬資源而調整所傳送的螞蟻封包數目。

網路同步：避免時間差

　　如此仿生的群體智慧亦可應用於解決網路的同步問題。所謂網路同步問題就是如何將網路內所有裝置準確對時的問題。這在現代數位化的通訊系統中是非常重要的，例如，當兩個裝置都要傳送資料給同一個接收端時，我們必須讓這兩個裝置在不同的時段進行傳送，然而，若兩個裝置所採用的時間沒有事先校準，傳送的封包就有可能重疊在相同的時間，造成干擾問題。又比如

在家庭的防盜系統中，我們可能佈建多個無線感測器來偵測小偷侵入、偷竊和潛逃的事件，然而，若不同的感測裝置沒有同步，其事件發生的時序將無法確認。

網路同步過去多半是以互相詢問時間的方式進行；例如在當今的網際網路中，我們會將網路中的電腦分成不同的層級，當一臺電腦需要做時間對時時，它會發送一個封包向上層的電腦詢問時間。然而，封包的傳送延遲和偶發的阻塞往往會影響同步的準確度。假設我們以人類的時間單位來看，當我們要對時的時候，寫一封信請郵差送到政府中央去詢問時間，而信件在傳送的過程中需要耗費許多時間，到了政府機關又需要處理的時間，等到我們收到政府機關回信後，早已經不是欲對時的該日該時了。

過去幾十年，工程師們亦花費許多心思，希望可以發展出有效的同步方式，可以精確地避免或是補償這樣的時間延遲。然而，網路同步在生物群體網路中早就能夠精準地實現。常見的例子像是螢火蟲的同步閃爍、心臟節律細胞的同步跳動和人類的同步鼓掌行為。上述的同步行為，可以由脈衝耦合震盪器的理論來解釋。所謂的脈衝耦合震盪器可以被視為一個整點報時的時鐘。如圖 8-3 所示，此時鐘在每次到達整點時，會發送出一個脈衝信號給鄰近的其他時鐘。其脈衝信號就如同螢火蟲的亮光或是電子裝置發送的無線電波。當脈衝被鄰近裝置所接收時，會刺激這些

圖8-3 脈衝耦合震盪器的互相激發以達同步

裝置（或時鐘）的指針向前調快一步，被縮短到下次發送脈衝的時間，以減少不同裝置之間發送脈衝的時間差距，進而慢慢達到同步效果。就像是我們參與同步鼓掌的行爲時，我們會因爲在還未拍掌前就聽到其他人的掌聲，而傾向於加快我們鼓掌的頻率，試圖去趕上其他人的掌聲。依此機制運行，整群的脈衝耦合震盪器最終將能有效地達到同步。若將此震盪器的機制應用於無線裝置中，無線網路的同步問題亦可獲得解決。

> 　　此同步方式藉由網路內裝置的互相討論達到同步，並不需要一個中央的伺服器來發號施令，因此，不會有因爲伺服器損壞而造成同步失敗的問題，也可輕鬆地達到分散式管理。

　　藉由「網路路由」和「網路同步」這兩個例子，我們介紹了如何利用存在於生物群體中的運行機制，來解決無線通訊網路的工程問題。我們相信在經過幾億年的演化之後，這些生物群體的運行機制已經是近似最佳化，且必定具有強健性和可擴充性，方可在自然界中順利的運行。然而，這些機制若欲應用於當今的系統中，仍有許多的問題待解決。例如，雖然這些方法經過演化後已經證明其在自然界的適用性，它們在無線網路的環境中是否同樣有效，是一個需要探討的問題。即使能夠將這些機制有效地移植到無線網路中，也勢必需要做各種演算法參數的調整和最佳化。況且，這些運行的機制多半只是科學家們透過其對自然界的觀察和研究所得到的「猜測」。這些猜測否正確，我們實際上難以完全確認。無論如何，做爲工程師的我們，應當盡量地去發揮

我們的想像力，尋找各式各樣可行的方案，一步一步地去探索自然界，也一步一步地去解決各式工程問題，以提升人類的生活。

了解頭足類動物如何巧妙的改
變體色、將自己隱身於自然界中，
此在建築、廣告及服裝等領域有啓
發性的影響。或許透過瞭解章魚與
烏賊的偽裝技巧，能使得哈利波特
的隱形外套在不久的將來實現！

9 烏賊的偽裝術

揭開頭足類改變體色的
神秘面紗

焦 傳 金

動物界中的偽裝大師

一般人都認爲變色龍是生物界中最擅長偽裝的動物，但其實頭足類才是眞正的「偽裝之王」。頭足類屬於軟體動物門，其中包括常見的章魚、烏賊及魷魚，而鸚鵡螺也是頭足類家族的一員。多數的軟體動物都有外殼保護，像是陸地上的蝸牛或是海洋中的貽貝，除了鸚鵡螺外，幾乎所有現生的頭足類動物都沒有外殼，因此在海洋中，這些「頭長在腳上」的生物便是魚類、海洋哺乳類及海鳥類的美食。爲了躲避這些天敵的掠食，頭足類動物演化出一系列複雜而多樣的防禦行爲，其中最重要的即是偽裝行爲，這是第一級的防禦，也就是不被天敵偵測到。但頭足類還是得攝食與交配，若是被補食者發現，頭足類動物可以採用第二級防禦，也就是威嚇行爲，試圖將天敵嚇跑。但若遇到體型較大或是較難應付的天敵，牠們還有第三級防禦，那就是噴墨逃跑。這些頭足類的防禦行爲是與補食者的攝食行爲共演化的結果。

雖然魷魚也有一些簡單的偽裝行爲，但因爲牠們是屬於大洋性動物，多數時間都在游泳，因此偽裝行爲的研究較少。相反來說，章魚與烏賊是屬於底棲性動物，在珊瑚礁或岩礁的環境，牠們必須隨時將自己偽裝好，以避免被天敵發現，同時可增加捕食的成功率。章魚與烏賊的偽裝行爲非常地多樣，即便我們人類自詡擁有很好的視覺，在海洋中要找到這些動物都是一件相當困難的事。圖1是一些章魚與烏賊在他們自然棲地的照片，你／妳能發現幾隻章魚或烏賊呢？

快速的體色改變

要能稱得上是動物界中的偽裝之王，不僅要能偽裝得好，

還要偽裝得快，更重要的是，要能隨時隨地改變體色體態以因應不同的環境。在這個標準之上，動物界中只有頭足類及少數魚類可以做到瞬間改變體色體態，而其中又以章魚與烏賊的改變速度最快，他們可以在1至2秒內，將身體表面的亮度、顏色、對比、組織紋理等特徵改變成與環境非常相似，而達到極佳的偽裝效果。圖2一隻章魚的體色變化過程，從最右邊的完全暴露到最左邊的完全消失，僅需要2秒的時間。若是你/妳是潛水者，有非常大的機會你/妳會經過這隻章魚而沒有察覺他的存在。就是因為如此出色的偽裝行為，才能讓牠們在億萬年的演化過程中，成為海洋中成功適應的物種。

多樣的偽裝技巧

圖2章魚的偽裝行為是一般人最為熟知的方式，也就是盡量將自己改變成與周遭環境一模一樣，使得捕食者無法偵測到動物的存在，但這並不是頭足類唯一會利用的方式。圖3是烏賊會採用另一種偽裝技巧，稱為破碎型體色，這種方式並不是要讓捕食者無法「偵測」到動物的身體，而是要讓捕食者無法「辨識」動物的存在。這個技巧的關鍵在於，身體上必須出現一些高對比的區塊與線條，將動物自己本身的輪廓破壞掉，因此天敵或許可以偵測到許多身體的「部份」，但無法辨識到身體的「全部」。另一關鍵在於高對比的體色容易形成「視覺陷阱」，造成觀察者不易將注意力放在動物真正的輪廓。無論何種解釋，這類的偽裝技巧都不是企圖將自己改變成與周遭環境一模一樣，而是利用捕食者視覺系統的運作方式來達到欺敵的效果。仔細再看一次圖3，你/妳有發現除了中間那隻高對比的烏賊嗎？這些照片透露了許多頭足類的偽裝秘訣。除此之外，偽裝技巧的另一型便是「擬態」，圖1右下角的兩隻烏賊分別擬態成附近的海藻，因此達到了所謂的「欺敵式偽裝」。

偽裝行為的生理機制：眼睛、腦、皮膚

> 頭足類之所以能偽裝得既好又快，是因為他們有非常敏銳的眼睛、超級大的腦、以及皮膚上幾千萬個受到神經系統控制的色素細胞（圖4）。

想像一下，若是你／妳有一個超高解析度的相機、超高速電腦，以及超高像素的顯示器，那環境中的視覺訊息便能被清楚的成像、分析及呈現，偽裝行為當然就可以既精準又迅速，這些要素正是為何頭足類可以被稱為是動物界中的偽裝大師。演化是形成這些要素的推手，在數億萬年的演化歷史中，頭足類為了快速運動，去除了一般軟體動物保護的外殼，在強大的天擇壓力下，發展出一系列的防禦機制，為了達到精準迅速的偽裝行為，大腦的體積不斷增大，以處理複雜的視覺資訊與控制體色的變化。

視覺訊息的分析與偽裝體色的調控

自然界中到底有多少種偽裝體色呢？乍看之下好像應該至少要有數十到數百種，但仔細想一想便會發現，若是每次都要將體色變得與環境中的物體非常相似（如圖1上中、圖2左），那幾乎是不可能的事，因為環境中的物體有無限多種，要做到完美匹配其實相當困難。在研究頭足類的偽裝體色的過程中，我們發現烏賊的體色可以大略分成三大類型，即均勻型、斑駁型及破碎型（圖5），在複雜的環境中，烏賊的視覺系統藉由偵測背景的視覺特徵（例如：大小、對比、明暗等），透過大腦的分析，來決

定要採用哪一種基本體色類型來達到最佳的偽裝效果。當然這些基本體色類型並非固定不變，而是有許多變化型，這些分類方式讓我們能有系統的研究偽裝體色的視覺機制。例如藉由調控黑白棋盤方格的大小，可以讓我們知道烏賊是如何決定何時該採用斑駁型或破碎型的偽裝體色。雖然烏賊在自然環境中從未遇過像棋盤方格一樣的人工背景，也永遠不可能將自己隱藏在棋盤方格中，但利用簡單的視覺刺激與行為實驗，我們可以一窺烏賊大腦的處理方式，並將牠們的視覺訊息與體色改變的關係有系統的建立起來。

色盲的烏賊讓有色覺的魚類也看不到

　　若是你／妳覺得頭足類有這麼好的偽裝能力，牠們一定有非常棒的色彩視覺，那你／妳就錯了。到目前為止所有的證據皆顯示，頭足類動物是色盲，也就是牠們雖然有高解析度的明暗視覺，但沒有分辨顏色的能力，換句話說牠們是不靠色彩資訊來改變偽裝體色的。若是再看一次圖1&2，很明顯的章魚與烏賊的體色與環境的顏色非常相似，若是牠們沒有色覺，那他們是如何調控偽裝體色的呢？更重要的是，頭足類的天敵，包括魚類、海洋哺乳類及海鳥類都有非常好的色彩視覺系統，因此牠們一定得做到身體與環境的顏色匹配，否則勢必會被捕食者偵測到。這的確是一個令人困擾的問題，也還沒有一個讓人完全滿意的答案，不過最近的研究，利用高光譜影像拍攝系統，將烏賊在不同底質環境中的偽裝體色與體態，以每一奈米為一單位，進行連續拍攝，比較分析烏賊與其背景的反射光譜後發現，烏賊的皮膚與自然的底質，在可見光的範圍內有相似的反射光譜，這使得色盲的烏賊有可能達到偽裝的色彩相配。進一步藉由模擬烏賊天敵的視覺系統，包括兩色色覺及三色色覺的魚類，發現：

烏賊不但能在缺乏色彩視覺的情形下表現極佳的偽裝體色，並能成功躲過天敵的色覺系統（圖6）。

　　這些研究進一步支持了頭足類的偽裝體色與捕食者之間的演化關係。

結語

　　頭足類動物偽裝行為除了本身即是非常有趣的生物學研究外，了解動物如何巧妙的改變體色將自己隱身於自然界中，將在建築、廣告及服裝等領域有啟發性的影響。或許透過瞭解章魚與烏賊的偽裝技巧，能使得哈利波特的隱形外套在不久將來實現。

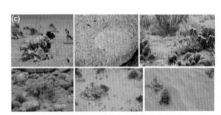

圖1 CephCamo.jpg
(Source: Hanlon et al., 2011)

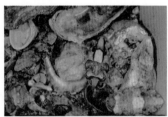

圖3 Cuttlefish.jpg
(Source: chiao et al., 2009)

Second:frame 0:00　　　0:08 (270 msec)　　　2:02 (2,070 msec)

圖2 Octopus.jpg
(Source: Hanlon, 2007)

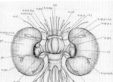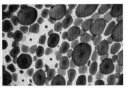

圖4 EyeBrainSkin.jpg *(Source: Hanlon and Messenger, 1996)*

圖5 BodyPattern.jpg
(Source: Hanlon, 2007)

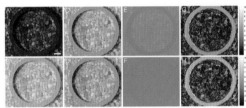

圖6 ColorMatch.jpg
(Source: Chiao et al., 2011)

參考文獻

Chiao, C.-C., Chubb, C., Buresch, K., Siemann, L. and Hanlon, R. T. (2009) The scaling effects of substrate texture on camouflage patterning in cuttlefish. *Vision Res* 49, 1647-1656.

Chiao C.-C., Wickiser J.K., Allen J.J., Genter B., and Hanlon R.T. (2011) Hyperspectral imaging of cuttlefish camouflage indicates good color match in the eyes of fish predators. *PNAS* 108:9148-9153.

Hanlon, R. (2007) Cephalopod dynamic camouflage. *Curr Biol* 17, R400-404.

Hanlon, R. T. and Messenger, J. B. (1996) *Cephalopod Behaviour*. Cambridge: Cambridge University Press.

Hanlon, R. T., Chiao, C.-C., Mathger, L. M., Buresch, K. C., Barbosa, A., Allen, J. J., Siemann, L. and Chubb, C. (2011) Rapid adaptive camouflage in cephalopods. In *Animal camouflage: mechanisms and functions* (eds. M. Stevens and S. Merilaita). Cambridge: Cambridge University Press.

拋開「性別刻板印象」、邁向「雙性化」，視不同的情況而表現不同的特質，進而「解構」性別刻板化，亦即讓性別、特質、分工和職業之間關連不再二分法。讓我們變得更「中性」、活得更自在！

10 都是「性別刻版印象」惹的禍！

女生的數學天生比男生差？

黃囇莉

2005 年，當時的哈佛大學校長桑莫斯（L. Summers）在一次公開談話中聲稱「女性在數學和自然科學領域先天（intrinsic）遜於男性」，且此差異可能是導致科技領域女性較少的原因，此本質上的差異或能解釋爲何僅有些微女性能達致數學、科學領域的學術巔峰。此話一出，立刻招致廣泛且激烈的批評，後來他雖爲此致歉，但群情激昂的哈佛教職員仍對他投下不信任票，嚴重的人事扞格迫使他去職。2007 年一月十一日，佛斯特（D. G. Faust）被任命爲哈佛首位女校長並發表談話說：「我不是哈佛女校長，我是哈佛校長」，她還說：「我希望我的任命能成爲機會開啓的表徵，在一個世代前，這些機會還是難以想像的」。的確是，哈佛於 1636 年建校，1919 年有第一位女老師，1943 年有第一位女學生，2007 年有了第一位女校長，而這距離建校已是 371 年後。另外，哈佛也是最後一個加入女校長行列的美國菁英大學，如普林斯頓大學、布朗大學、麻省理工學院和賓州大學等都已早有女校長。哈佛是世界聲望第一之大學，這樣的世界名校之校長爲了一句失言而去職，是否顯得小題大作？其實，這樣的「失言」，正反映了社會上根深蒂固且危害甚深的「性別刻板印象」。

根據 E. Maccoby 與 C. Jacklin 的報告，男女性在能力與行爲上的性別差異之研究，1974 年之前與之後有很大的轉化。以下，擬定幾個問題，看看你是否可以回答正確？

○女孩較男孩更擅長社交。

○女孩的語文能力強過男孩。

○男孩的視覺空間能力較佳。

○女孩比男孩較容易受人暗示。

○女孩較欠缺成就動機。

○男孩比女孩更能夠分析事理。

　　長期以來，人們對於性別間的差異一直存有強烈而偏頗之「有遺傳基礎」的假設，近代，更著迷於男女性在腦功能上之不同。但是，此一生理上的假設並不適用於解釋為何性別差異會發生，其實，有更多的社會性因素更適合解釋性別差異的發生。

性別刻板印象

　　所謂「刻板印象」（stereotype）是指人們認為屬於某一特定群體或某一社會類別的人共有一些特性，通常這是一組簡化的、僵化的且過度類化（over-generalization）的看法或信念。例如：職業刻板印象、種族刻板印象、性別刻板印象等，它可能包含正向的、負向的或中性的看法。「性別刻板印象」是針對男性／女性的一些固定化的看法，例如：認為女性都是溫柔的、體貼的、情緒化的；男性都是理性的、冷峻的、剛硬的。

　　性別刻板印象展現在兩層面上，一是集體層次，也是社會文化層面，例如，社會中期待女性要溫柔體貼；期待男性主動積極。另一是在個人的認知、想法中，例如，面對理工科時，會想「我是女性，念文法科較合適」，或「我是男生，應該要唸理工

科較有前途」等。社會文化與個人的認知兩層面之性別刻板印象會交互影響、形塑並相互強化。刻板印象通常都是「過度簡化」或「過度誇大」某一類別人之特性，忽略個別成員的異質性。因此，如果以「刻板印象」來預測個人的行為，會產生偏誤，也可能給個體帶來困擾。

另外，性別刻板印象多集中在性格特質上，例如，區分為男性化或女性化特質；接著再將性別化的特質推論到其他範疇中，例如身體特性、角色、分工、職業等。根據過去研究顯示，人們對「女性化特質」的描述大多集中在「情感表達」方面，例如：溫暖、表情豐富、多愁善感、柔順、利他等特質；而對「男性化特質」的描述則多集中在「能力」或「工具理性」方面，例如：剛強、工具性、精力旺盛、果斷、冒險、成就取向等特質。

性別刻板印象威脅效果

日常生活中存在著各種刻板印象，特別是

> 負面的刻板印象，會讓個人產生額外的壓力與威脅感，進而造成這些刻板印象的真實應驗。此一現象在心理學中稱為「刻板印象威脅效果」（stereotype threat effect）（Steele, 1997）。

當刻板印象與性別有關時，稱為「性別刻板印象威脅效果」。換言之，個人只因為意識到在某情境中，所屬團體的負面刻板印象可能會在自己身上標籤化，就會產生威脅感，而這樣的

威脅感或壓力感接著影響自己的表現，使得個人表現較平時差，最後反而支持刻板印象。由於刻板印象廣泛地散佈在社會各個角落中，也深植在眾人心中，因此不管個人是否相信，刻板印象都會形成威脅感，進而影響個人的表現。

性別刻板印象威脅效果最顯著之處在於數學的學業表現。社會上普遍存在女性的語文較佳，男性的數學較好之刻板印象。心理學者也做了上百篇的研究，一再證實刻板印象威脅效果存在數學科的學業表現上（Nguyen & Ryan, 2008）。典型的研究程序是，先讓男女兩性做一些數學測驗，然後將受試者分為兩組，第一組告知他們：專家研究證實男女數學能力沒有差異，第二組告知他們：專家研究證實男女數學能力天生有差異。然後，再做第二次數學測驗。結果顯示，第一組「告知沒有差異組」中，女性和男性的第二次數學測驗表現一樣好；第二組因「告知男女數學表現有差異組」，第二次數學測驗，男性受試者的表現優於女性受試者。國內外類似此一刻板印象威脅效果對個人數學能力影響的研究很多，也多獲得一致的結果。

反過來說，正向的刻板印象是否就具有促進效果（boost effect）。根據研究，促進效果較不穩定，也就是說，性別刻版印象不見得會使男性受試者獲得更好的成績。但是，卻對低評價團體有促進效果，例如，閱讀女性在建築、醫學及發明上有卓越成就的文章，可以提升女性在數學測驗的表現。

如果將這樣的研究結果推論到實際的社會情境中，就可得知，性別刻板印象威脅效果不容忽視，因為它不僅使得受性別歧視的個人或群體（通常為女性）在某些領域表現變差、無法發揮其潛力，也會經由表現不好所帶來的挫敗感，漸漸造成不喜歡、不認同該領域的想法、態度，或選擇放棄學習、投入等永久性的

影響。而這恐怕也是長期以來，臺灣理工科系中女生從未超過30%的主要原因之一。

性別差異是天生的，還是後天的?

傳統上，不同性別的出生嬰兒多被賦予不同的「標籤」（labeling），如男孩穿藍色衣物，女孩用粉色衣物。通常，女孩因與母親在一起，耳濡目染習得母親「女性化」行為，男孩則模仿父親學習「男性化」行為。除了父母親，孩童也從電視或閱讀中模仿學習到性別取向的行為。

> 孩童長期處於「性別刻板化」的氛圍中，自然潛移默化地學到許多性別刻板化行為，也會對自己進行「自我社會化」（self-socialization）。

亦即他／她們選擇的活動、態度及價值觀時會反映他／她們的「性別取向」。男孩會自忖：我是男孩，要做男孩子應該做的事；女孩也一樣。換句話說，孩童會試圖使自己的行為符合自己的性別標籤，於是「性別刻板化」再經由自我社會化的歷程，內化為自我的一部份，而使得「性別刻板化」更加牢固了。

以上是「性別刻板化」的社會化（學習）歷程，顯現男女差異主要是後天長期潛移默化之結果，也是「社會建構」結果。事實上，「性別刻板化」將限制個人的成長，也容易造成性別歧視，同時影響個人的生活適應。那麼，我們又應如何超越「性別刻板化」呢？

邁向雙性化——超越男性化或女性化

在過去的觀念或研究中，男性化與女性化是一個向度的兩極，也就是說，一個人不是偏向男性化，就是偏向女性化。現在：

> 同時擁有高度男性化特質傾向（工具取向）與女性化特質傾向（情感取向）的人，稱為「雙性化」（androgynous），雙性化的人會視不同的情況而表現不同的特質。

> 許多研究指出，具雙性化特質者，具有較高的自尊（self-esteem），也有較好的心理適應。

因為雙性化的人比較能夠依不同情境的需要，而表現不同的行為，或依情境需要表現其陽剛面或陰柔面，最重要的是，雙性化特質的人能自在地從事被認為不屬於其原有性別角色的事。

另外，還可以「解構」性別刻板化，亦即讓「性別」與「特質」、「分工」、「職業」之間不再類型化。「解構性別」是指不再以僵化的「男性化」或「女性化」之觀點來限制或規範任何一個人的行為。解構性別之後，與其說人們變得愈來愈「中性」，也可以說人們變得越來越「雙性化」。亦即，我們可以獨立、堅強，同時也能溫柔、敏感，強調以情境來判定行為的合宜性，而不是根據行為符不符合「性別」來判斷合宜性。

漢族以農耕為主，只要上百年沒有戰爭或水旱災，人口很快就激增到土地生產力不勝負荷的程度。土地過度開發的結果是：「開山開到頂，殺人血滿井」。若要獲取十萬卡路里的熱量，種稻米要比養牛羊省地。在龐大的糧食壓力下，種稻麥尚且不足以養活眾生，哪有餘地去養牲畜來當作食物？

11 漢人與牛肉

漢民族糧食與文化禁忌之探討

賴 建 誠

蒙古、新疆等地蒙、回族的糧食，基本上是以肉食爲主，因爲從地理的結構來看，那些地帶不適合農耕，故行游牧逐水草而居，所以畜肉產量相對地比農產品豐富，是主要的卡洛里來源。

漢族的生活以平原和丘陵地的農耕爲主，這種經濟型態較容易養活人口。秦漢以後的中國，只要維持上百年沒有戰爭或水旱災，人口很快就激增到土地生產力不勝負荷的程度。人口一達到飽和點，土地就會被極度開發運用，產生與河道爭地、圍湖耕作的情形。土地過度開發的結果是：「開山開到頂，殺人血滿井」，因爲已經達到土地運用的極點，人口所需要的糧食，超過土地所能生產供養的程度，自然會有飢饉。強悍者起而聚眾成匪，殺燒擄掠，官匪交戰殺人無數。若壓得下就罷，壓不下就改朝換代，朱元璋不就是從飢餓的小和尚搶殺出天下的嗎？

中國的經濟史幾乎都沒跳出馬爾薩斯陷阱：糧食產量跟不上人口增加量，一旦超過負荷，就靠天災人禍來平衡。靠農業技術的突破來增加糧食，當然是解決的方式，但還是跟不上人口在昇平時期的激增速度。

在這個基本限制之下，只好在既定的農技水準之下，讓每個單位（畝或甲）的土地，生產最大數量的卡路里，來養活眾多的人口。

若以精耕的方式種稻，而且在江南地區能兩熟的話，每畝地所能生產的卡路里，一定高於以同面積的土地、種牧草養牛、

羊所得的肉類卡路里數量。牛、羊需要活動面積，也不能一年兩熟，要獲取十萬卡路里的熱量，種稻米要比養牛、羊省地。面對龐大的糧食壓力，種稻、麥尚且不足以養活眾生，哪有餘地去養牲畜來當作食物？

在稻、麥與畜牧爭地的情況下，漢民族自然缺乏肉類蛋白質的來源，只能靠植物性的蛋白質來補充：豆類及其加工品，如豆漿、豆腐。但肉類還是人體所需，所以自然會去開發不佔耕地的肉類資源：雞、鴨與豬。雞、鴨養在屋院，吃五穀與田地的蟲、螺；豬養在房舍邊的圈內，利用人類剩餘的糧食。總而言之，雞、鴨、豬和人類是共生的關係：人以剩餘的糧食與不佔耕地的空間養牠們，牠們以動物性蛋白質回報。

以這種形態生產的肉量，當然不足以供應一般家庭的每人每天所需，所以會去開發另一類不佔耕地的肉類來源：狗、蛇、蛙、鼠、魚、蝦。可是魚、蝦並非各地都有的天賜糧食，要有河、湖才行。筆者在胡適的《四十自述》裡看到他說，安徽績溪的平常家庭一年吃不到幾次肉，有人用木頭雕成魚形放在菜盤內，挾菜時順便碰一下木魚，表示沾到肉類。雖不知實情為何，但這已淒慘地顯示強烈的肉類飢渴症。

中原地區體積最大的肉類來源是牛、馬。中原與華南並不產馬，漢武帝時常要到大宛買馬，馬匹是戰爭與國防的工具，自然不是一般的肉類來源；牛則是耕種的工具，在漢文化裡通常以感恩的訴求來禁吃牛肉。但一旦牛、馬死了，最後大都還是祭了五臟廟。

雖然說因為畜穀爭地，而使得肉類缺乏，但是富有家庭還是有能力消費得起，多以不與五穀爭地的雞鴨豬魚為主。因為如果富室嗜吃牛肉，在昇平時期會引起社會性的示範效果，中等家

庭也仿效的話，就會有一部份的耕地被挪作畜養肉食用的牛。一旦發生水旱災（而這是常有的事），糧食供應必缺，要把養牛的耕地轉種五穀已來不及。所以這不是市場供需的問題，而是維持社會均衡的必要禁忌。

所以若民間有吃牛肉的習慣，一旦遇到糧食欠缺，就會有更多的窮苦人家餓死（因為糧價暴漲而無隔宿之糧），所以就用更根本的道德性訴求，切斷民間對牛肉的需求：牛隻耕田養活我們，不可忘恩負義吃它，這種道德訴求納入宗教後，有效地壓抑牛肉的需求；富有家庭即使有能力有機會，也不敢輕易吃牛肉，以免遭議論。這樣的文化禁忌，有效阻擋畜穀爭地的機會。

漢民族不吃牛肉的原因，還有其他詮釋，這裡是肉穀爭地的角度來看。這讓人聯想起，為什麼回教徒不吃豬肉。宗教性的解說是：豬是骯髒的動物，宗教典籍上禁吃四蹄和不分蹄的動物，而豬正好符合這種分類。我對不吃豬肉有另一種見解，曾經和人類學者討論過，但他們不同意我的猜測。1984 年左右，我到北非突尼西亞旅行一週，體會到沙漠生活的困難，也理解到，為什麼阿拉伯人不吃豬肉，以及為何會容許多妻制。

大部份的阿拉伯人在歷史上是游牧的，在沙漠裡最缺的是水與樹林，所以燃料也必然稀少。我們都知道牛肉生食對人體無害（牛排館供應血淋淋的牛排），而豬肉若不煮熟，很容易致病（醫學上很容易解說）。在燃料缺乏的地區，以阿拉伯人的烹調習慣（肉類很少切丁切片），豬肉大概引起過不少麻煩。

一方面豬肉容易致病，所以被歸類為骯髒的動物，二方面游牧民族在遷徙時，豬隻的速度太慢而且不易管理。所以在教育不夠普及、醫學尚不足以理解細菌的時代，為了避免豬隻對人群的危害，最根本有效的方式，就是用宗教的規定來禁絕。所以我

猜測，宗教和文化上的禁忌，通常可以在歷史上找到對應的制約背景。相對地，豬在西洋文化的觀念裡，則是可愛的動物，卡通造型也從未醜化過牠們。

另一項也是旅行時的領悟，同時也不擬與人爭辯的議題是：為什麼阿拉伯社會容許多妻制？聽說現在法律已經禁止，但它的社會根源是什麼？我的看法是：這是游牧民族的必要設計，道理很簡單。大家都知道女性的平均壽命比男性長，男孩的夭折率大於女孩，所以自然人口中的女性會稍多於男性（約 105 比 100）。

游牧民族一旦碰到戰爭，男性的死亡率通常高於女性，死傷的通常是中壯年男子，男女比例更是失衡。支撐族群的壯丁若突然減少，那些老弱婦孺由誰負責？我猜測多妻制的起源，並不是鼓勵齊人之福，而是每個男子有義務，要負擔一位以上婦女及其子女的生計。後來有人能娶四位老婆，那是因為傳統文化已能容忍富足者的誇耀。

再回來談中國的糧食問題。

春秋之前的戰爭，是貴族性的（百姓無資格參軍），以制服對方為目的。戰國中後期，商鞅在西方秦國提倡軍功，尤重首功（殺敵取首級），之後幾次東征中，採取了殲滅型的戰爭。以長平或馬陵之戰為例，都是殺人無數血流漂杵的消滅性戰爭。

為什麼會改變型態？從前的戰俘可以當奴隸，而現在秦國的農業已相當發達，不缺乏勞動力，戰俘成為消耗糧食的負擔，

自然沒必要保留。況且消滅敵國的壯丁，是接收該國最簡潔的方式。大概從那時起，中國對人權的概念有了很大轉變。究其根本的考慮，糧食與人口之間的緊張性，應是主因之一。不知道是李鵬或江澤民說的：美國對中國的人權問題一直有意見，其實洋人不瞭解，在中國只要不餓死人，就夠保障人權了。

西洋人說中國人是：陸上走的除了車子、天空飛的除了飛機、海裡游的除了潛水艇，全可吃下肚。可見糧食對漢民族的壓力有多大。現在是牛排館到處可見，我們對牛肉的觀點改變了。有人說那是澳州牛，也不幫我們耕田，所以不必有心理負擔。這些都是解除文化禁忌的說辭，我認為最根本的原因，是這些牛肉和我們的基本糧食來源，沒有競爭性的關係。文化禁忌通常可以找到約制條件的歷史根據，當這些限制解除後，文化禁忌就跟著鬆弛，因為人類是條件反射的動物。〔註1〕

註1 原刊於《中國時報》1996年10月9日

12 《綠野仙蹤》與中國

多樂西與她的朋友破壞瓷器城之眞相

賴 建 誠

　　《綠野仙蹤》這部童話書，隱含相當重要的美國貨幣史背景：大約從1870年開始，英、法、德諸國捨金銀複本位，改採黃金本位。美國爲了跟上世界潮流，1873年宣佈放棄複本位，改採金本位。此書與中國相關的是第20章〈脆弱的瓷器城〉，所有的東西都是瓷器：瓷地面、瓷房子、瓷牛、瓷馬、瓷公主。這一章的用意是說：中國在對外貿易上，是個銀本位的國家，自從國際放棄白銀本位後，中國貨幣的對外購買力大貶，童話書的女主角多樂西（代表美國的白銀政策），給這個脆弱的瓷器城帶來了驚嚇和破壞。那位美麗的公主，可能是在虛擬慈禧太后，而被獅子掃倒的教堂，是庚子拳亂時被義和團破壞的洋教堂。

在《綠野仙蹤》第 20 章〈脆弱的瓷器城〉裡，女主角多樂西（Dorothy）和她的朋友稻草人、獅子、鐵樵夫，要穿過一座瓷器城。所有的東西都是瓷器：瓷地面、瓷房子、瓷牛、瓷馬、瓷豬；連百姓也是瓷做的，有瓷公主、瓷牧羊女、瓷牧童，都不超過多樂西的膝蓋。他們進入這個城市，從一頭乳牛身邊走過時，瓷牛嚇了一跳，踢翻了放牛奶的瓷提桶，撞倒擠牛奶的瓷女孩。結果那頭牛斷了一條腿，瓷桶碎了，女孩的手臂也撞出個小洞。多樂西一再道歉，但那個女孩憤怒地撿起斷牛腿，牽著那隻可憐的三腳牛，一跛一跛地走了。

不久之後，遇到一位年輕漂亮的公主，他們想靠近看清楚一些，沒想到那位瓷公主嚇得急忙逃走。多樂西和她的朋友們還遇到一個瓷小丑，穿著補丁衣服，顯得又醜又滑稽。正當要離開這個城市時，獅子的尾巴不慎掃倒一座教堂，多樂西說：「還好我們只傷了一頭牛和一座教堂，他們實在是太脆弱了。」

美國的貨幣史學者 Hugh Rockoff，在 1990 年 98 卷 4 期的 *Journal of Political Economy* 發表一篇論文，提到《綠野仙蹤》這部童話書裡，其實隱含相當重要的美國貨幣史背景。他說此書的作者包姆（L. Frank Baum, 1856～1919），在政治立場上是人民黨黨員（populist）；在經濟問題方面，他反對美國在 1870 年代放棄金銀複本位，採取黃金單一本位。其發生背景是：大約從 1870 年開始，英法德諸國捨金銀複本位，改採黃金本位，國際銀價因為失去貨幣功能而大跌。美國為了跟上世界潮流，1873 年亦宣佈放棄複本位，改採金本位。這對西部的產銀諸州而言，因為世界銀價大幅下跌而損失慘重，現在連美國政府也不要白銀了，情況淒慘不言可喻。

許多經濟學者和包姆一樣，認為這是美國貨幣政策的一大

錯誤，稱之為「1873 年的罪惡」（Crime of 1873）。但這是世界貨幣體制的潮流，美國在那個年代還不是國際經濟的主導者，只好跟著英法諸國的政策起舞。大約 25 年之後包姆開始寫作《仙蹤》，他把這 25 年間因為廢止銀本位而產生的禍害，以及另一些社會和政治方面的問題，透過童話的形式，表達他的不滿與意見。熟知此書的人，會注意到多樂西有一雙魔力強大的銀鞋（隱喻銀本位的重要性），以及住在綠色翡翠城（美鈔是綠色的）裡名叫奧芝的巫師（Wizard of Oz），而 Oz 正是 ounce（盎司，金銀單位）的簡寫。單從這幾項外在的特質，就可以顯現《仙蹤》和美國貨幣政策之間的關係。

Rockoff 的文章把這層關係講解得很清晰，有興趣的人可以細讀。其中與中國相關的篇幅不多，主要的論點是：〈脆弱的瓷器城〉（Danity China Country）是在指涉中國。大家都知道 china 這個字，在小寫 c 時是指瓷器，大寫時指的是中國。包姆寫這一章的用意是：中國在對外貿易上，是個銀本位的國家，自從國際放棄白銀本位後，中國貨幣的對外購買力大貶，而多樂西和她的朋友（美國的白銀政策），給這個脆弱的瓷器城帶來了驚嚇和破壞。Rockoff 告訴我們：那位美麗的公主，可能是在虛擬慈禧太后，而被獅子掃倒的教堂，是庚子拳亂時被義和團破壞的洋教堂。

暫且不論是否如此，這都是一項有趣的詮釋。可是我認為，美國的白銀政策在 1870～90 年間，對中國的經濟並未造成重大的影響：包姆誤以為中國當時蒙受「銀賤」的苦難，美國的白銀政策要負一部分責任。中國當時確實受到國際銀價跌落的影響，可是以美國當時的經濟實力，和對國際金融的影響力，還沒有到足以嚴重傷害中國的行情。包姆讓多樂西和她的朋友們，無

心地破壞可愛的瓷器（中國），那是因為他對中國貨幣體制的理
解不足，才會讓多樂西背了不必要的黑鍋。我的目的是要幫多樂
西平反，因為真正的破壞者，其實是英法列強改採金本位，所造
成的國際銀價長期下跌。我希望以下的論點，可以告訴《仙蹤》
的讀者說：多樂西和她的朋友們，其實不必有太大的愧疚感。

　　美國採取金銀複本位時（1873年之前），1
盎司的黃金可以換15.6盎司的白銀（1比15.6）。
1873年放棄白銀本位後，銀價持續下跌，到了
1889年時跌成1比22。產銀區的業者和礦工，以及
原先持有大量白銀的人，因為損失慘重而組織起
來，要求政府無限制地鑄造銀幣，給白銀業者一條
生路。

　　這是違逆國際潮流的主張，當然不會成功，但是 1890 年時
有了轉機。共和黨主導的國會，想通過由東岸產業界所提出的關
稅條例，所以就和西岸產銀州的議員達成協議：如果西岸能支持
通過關稅條例，東岸就支持通過西岸的購銀法案，要求財政部每
個月收購 450 萬盎司的白銀。這項法案在 1890 年 7 月 14 日通過
了，稱為 Sherman 購銀法案。

　　這條法案一過，一方面大家懷疑美國是否還要維持黃金單
一本位，另一方面預期白銀價格會因而回升，所以就投機搶購白
銀來賣給財政部。這等於是議會強迫國家，收購國際價值持續貶
跌的白銀，數量是每年將近五千萬兩。以美國當時的國力，哪有
可能長期撐下去？到了第三年（1893）上半就出現警訊：財政部

的黃金快耗光了，美國不知是否還能維持金本位制。經過激烈的爭辯和拖延，國會在 1893 年 11 月廢止購銀法案。

我認爲這項法案的影響，主要是在美國境內，就算對外國有影響，也不致於妨害到中國。先從價格的角度來看，雖然此法案規定財政部，每個月要購入 450 萬盎司，可是並沒有限制它的收購價格。原先以爲白銀價格會回升的投機者，沒想到世界各地的白銀湧入，所以在紐約和倫敦的白銀價格，都不升反跌。

從數量的角度來看，白銀因爲已不再是國際貨幣，所以各國急於清理庫存，最重要的出處，當然是當時仍採銀本位的中國。在 1871-80 年間，中國進口的白銀數量，約是 3 千 3 百萬兩（每兩等於 37.5 公克）。而在 1891-90 年間（美國購銀法案 1890 通過之後），進口白銀的數量約是 9 千 6 百萬兩（幾乎是三倍）。也就是說，不論從價格或數量來看，中國的銀子並未被美國吸走，反而還因爲國際銀價的持續下跌，而大量流入。

我認爲，購銀法案如果眞的傷害到中國，並不是因爲它的通過，而是因爲它的廢除：財政部不再購銀，使得原本就低落的銀價雪上加霜。1890 年法案通過時的銀價，是每盎司 1.04 美元，1893 年底廢除時 0.78 美元，之後一路跌到 1898 年的 0.59 美元，十年間貶了 44%。對中國這樣的銀本位國家而言，這等於是外力強迫她的對外購買力貶值。鴉片戰爭後，中國有一連串的戰敗賠款、外貨侵入、外債高築，然後貨幣又大貶，眞是欲哭無淚。更要命的是：當初的賠款以白銀爲單位，現在銀價大貶，列強不甘損失，硬要中國再賠出這段匯差。包姆從媒體上知道中國的白銀問題，所以就設計了《脆弱的瓷器城》這章，來突顯白銀政策殃及可憐的小瓷器城（中國）。

1929年世界經濟大恐慌後，金本位制在1931年廢除，白銀回復了它的貨幣功能。美國政府在羅斯福總統任內，通過一項購銀法案（1934年），規定財政部不論是在國內或向國外採購，必須(1)要使銀價維持在每盎司1.29美元以上，或是(2)財政部白銀存量的貨幣價值，達到黃金存量貨幣價值的三分之一為止。

這項新購銀法案，對中國就有影響了。第一，這次規定要把銀價抬到每盎司 1.29 美元以上；第二，可以向外國收購；第三，1934 年的美國，在國際貨幣的領導地位，已和 1890 年不可同日而語；第四，金本位已垮，各國不再急於拋售白銀。1934年的購銀法案尚未通過時，中國政府預見這會把白銀大量吸往美國，使得貨幣供給（白銀）銳減，造成物價下跌，百業蕭條。1934 年的法案是否有此效果，還是爭辯中的問題，在此我只是要說：雖然是同樣性質的法案，但是 1890 年的美國和 1934 年的美國，在國際金融體系內的行情完全不同，不論從價格和數量的角度來看，對中國的影響也截然不同。

再回到 1890 年代的情境。國際銀價長期下跌，在美國廢止購銀法案後更是火上加油，使得原本是銀荒的中國，竟然出現了「銀賤」的情形：1885 至 1995 年間，白銀的購力跌了將近一半。何漢威先生在《中央研究院史語所集刊》（1993 年 62 卷 3 期），發表一篇詳細的論文，分析這種銀賤銅貴的狀況。他告訴我們，白銀一貶，銀銅比價也就大幅下跌：相對於白銀的下跌，銅錢的價值高漲了（1880 至 1889 年間漲了兩倍以上）。晚清的

鑄幣權在各省政府手中，各省財政原本困難，一旦看出銅錢升值，就開始大量鑄錢謀利（可賺一倍以上）。若某省因鑄銅錢而獲利，鄰近省份就會鑄造劣錢，來此省買物品或換回良幣，因而出現典型的「劣幣驅逐良幣」：各省競鑄銅元，愈鑄愈差，銅元價值大貶，因而物價大漲。

在國際銀價下跌和美國購法案的影響下，如果中國是以銀為單一本位的話，就算受了傷但還能挺得住，因為白銀到底不是民間的日常貨幣。要命的是，銅元價格因銀價下跌而相對地高漲，各省競鑄銅元所產生的劣幣效果，破壞了民間日常交易的銅元體系。銅元的敗壞助長物價上漲、經濟不穩、暴動、鎮壓、軍費支出，這才是傷了命脈之因。

包姆不理解中國是銀銅本位（不是西洋的金銀本位），他沒理解到對中國真正有殺傷力的，不是銀而是銅。他有心或無心地指責美國白銀政策的副作用，讓多樂西和她的朋友，以為他們傷害了瓷器城（中國）。

現在我們可以比較深刻地理解到：多樂西他們其實沒破壞什麼，元凶是英法各國所採取的金本位。如果美國在 1890 年通過的購銀法案，對中國產生過影響的話，最多也只是在駱駝背上放下最後一根稻草。如果那項購銀法案是英國制定的，而且多樂西是英國人的話，那麼她就可以對瓷器城的破壞而感到愧疚了。[註]

[註] 原刊於《中國時報》1997年12月29日

13 為什麼鄭成功能趕走荷蘭人？

荷蘭東印度公司（VOC）在
臺貿易之興衰始末

賴 建 誠

　　明朝爲了拉攏海盜鄭芝龍，賜他姓朱（稱爲國姓爺），還讓他兒子鄭成功從小住在北京，享受榮華富貴。沒想到這個「內陸人」到了臺灣之後，竟然能打敗海權強國的荷蘭。如果臺灣有金山銀山，荷蘭人會這麼輕易就撤離嗎？如果我是荷蘭東印度公司（VOC）的領導人，就把船隊砲艦調集到熱蘭遮堡，和鄭成功一決死戰。不論從火力優勢或其他觀點來判斷，成功的機率其實相當高。鄭成功能趕走荷蘭人，恐怕是以經商賺錢爲主旨的VOC，認爲這個島已不值得投入砲艦，才半戰半離的。換句話說，荷蘭人本來就想走，正好碰上鄭成功的騷擾，就堅決離去了。

鄭成功幹嘛要趕走荷蘭人啊！

（引自網路文章）

荷蘭人口是臺灣的3/4，土地面積是臺灣的5/4，國民所得大約是臺灣兩倍。1/3的家庭沒有小孩；1/3的家庭是單親家庭；2/9的家庭有兩個小孩。50%的婦女在家中生小孩，產假有16周，結婚與同居的權利義務相同。

65歲以上老人，每個月政府發兩萬兩千一百元（臺幣），看病至少要等3天，要先預約排時間，不是隨到隨看（除非很緊急）。沒有醫師處方，藥房只能買到維他命及止痛藥。

到餐廳用餐，最近幾十年才流行的，而且有段時間，餐館都是中國人開的。用餐很悠閒，一個晚上通常只做一個桌次的生意，不趕時間（當然也不趕客人）。用餐堅守「各付各的」（go Dutch）的原則。

送禮一定附發票，不是要讓你知道花多少錢，是要讓你不滿意可以去更換，方便維修。荷蘭買房子可以貸款120%，因為裝潢也要花錢。荷蘭女王的公務車是福特，家車是富豪，不浪費公帑。

荷蘭主流媒體有不成文規定，不報醜聞。地方報不用錢，全國性大報紙星期日不出刊，讓大家休息。大學畢業的人，都可以得到一份免費週報，每年填一次問卷，就可以一直看。這份報紙份量跟雜誌差不多，內容精采，水準很高，是靠廣告收入維持的。

工作者不論年資，都有 23 天的年假。部份人因縮短工時代替加薪，可有 36 天年假。六月份會發度假費一個月，因爲怕員工沒錢度假，會影響工作情緒。很喜歡旅遊，平均每天有三百萬人出遊（2001 年時全國才 1600 萬人）。

無法承受工作壓力也算公傷，許多人（將近一百萬）因此在家休養。荷蘭人基本上不加班，該度假就度假。商店早上十點開門，下午六點關門，只在八個小時工作時間內工作，經濟力還是排在世界的前端。

荷蘭人少有貪污，因爲沒有人送賄。九成的荷蘭人覺得自己很幸福，八成六覺得自己很健康（這才是政府的目標嘛！）。

所以說，鄭成功幹嘛要趕走荷蘭人啊！害我工作這麼累。

1662 年 2 月 1 日，駐守熱蘭遮堡（Zeelandia Castle）的荷蘭人，在被鄭成功圍城 9 個月後投降。這是臺灣史上大書特書的事，現在還可看到許多圖畫與文件，描述這個民族的大勝利。明朝爲了拉攏海盜鄭芝龍，賜他姓朱（稱爲國姓爺），還讓他兒子鄭成功從小住在北京，享受榮華富貴。沒想到這個「內陸人」到了臺灣之後，竟然能打敗海權強國的荷蘭。

我在想，如果臺灣有金山銀山，荷蘭人會這麼輕易就撤離嗎？如果我是荷蘭東印度公司（VOC）的領導人，就把船隊砲艦調集到熱蘭遮堡，和鄭成功一決死戰。不論從火力優勢或其

他觀點來判斷，成功的機率其實相當高。鄭成功能趕走荷蘭人，恐怕是以經商賺錢爲主旨的 VOC，認爲這個島已不値得投入砲艦，才半戰半離的。換句話說，荷蘭人本來就想走，正好碰上鄭成功的騷擾，就堅決離去了。

17世紀VOC進入亞洲的主要目的，是看上日本的白銀與中國的絲綢。但要拿什麼東西去換日本的白銀，再拿白銀去換中國的絲綢，賣回給日本賺一筆呢？臺灣正好提供兩種日本需要的東西：鹿皮和糖。荷蘭人到遠東做生意的手法是「内海貿易」（intra-Asian trade）：拿臺灣的鹿皮與糖去換日本的銀子，之後再去換中國絲，最後拿去日本和歐洲換金銀。

做這種貿易的人稱爲 country trader，他們把中國海（臺、日、中這一圈）稱爲「遠東湖」（Far Eastern Lake）。如果有這麼好的貿易機會，那爲什麼臺、中、日不自己做生意，反而要讓荷蘭人來做？主因是 17 世紀上半葉的中日都在鎖國狀態，雖然明令片板不准下海，但仍有民間的走私，或開放幾個小港口對外做小額貿易。

其實最早看到遠東地區貿易機會的是葡萄牙，大約在 1511 年就在麻六甲海峽駐紮，1557 年在澳門、1580 年在長崎設立貿易據點。1571 年西班牙人在馬尼拉設立總部，主要的生意是從南美洲運來白銀，向在海上貿易的中國商人買絲綢。1596 年荷蘭人來到東南亞時，中國人、西班牙人、葡萄牙人之間的貿易網

路，早已建立運作良好。荷蘭人只好避開被葡萄牙控制的麻六甲海峽，在巴達維亞（Batavia，今日雅加達）建立總部（1619）。

1600年荷蘭人初次抵達日本，1609年在平戶（Hirado，長崎附近的港口）建立貿易站。之後便在1624年往廣東與福建試探建立據點，但未成功，就轉向臺灣西岸海邊設立其他據點。那時的明朝政府對海外領土興趣不大，臺灣就成為中日走私者的貿易點。荷蘭人來臺之後建立熱蘭遮堡，1633年建立和福建的貿易關係，就此拉起臺、中、日的三角貿易網。

雖然葡、西、荷已各有據點，但三國之間的混戰尚未結束。17世紀的荷蘭本土，是西班牙哈布斯堡王朝的屬地，兩國的宗教與民情大異，時常出現激烈的抗爭與流血鎮壓。西荷兩國的長期深度情結延伸到遠東，對荷蘭人來說，VOC 同時具有貿易和戰爭的任務。荷蘭人試過要把西班牙人從菲律賓趕走（1620），也試過要切斷馬尼拉與福建的貿易（1630），但都沒成功。原因是：(1) 西班牙在呂宋島的兵力相對地堅強，荷蘭人攻打不下。(2) 中國商人需要西班牙的美洲白銀，暗中扯荷蘭人後腿。

相對地，荷蘭與葡萄牙之爭就成功多了：1639 年把葡萄牙人逼離長崎的出島（Dejima），搶下日本市場。兩年後（1643），葡萄牙把麻六甲讓給荷蘭人，失去東南亞的據點。荷蘭人控制麻六甲海峽後，成為南亞與遠東區的掌控者。荷蘭的亞

洲生意布局，是從印度買棉紡織品，帶到印尼群島換香料。日本和歐洲對中國的絲綢需求量很大，買賣絲綢的利潤很好，但要如何從鎖國的中國取得大量絲製品呢？用白銀：從日本、從歐洲運白銀，和中國商人在海上交易。

臺灣的地理位置，對荷蘭人是個良好的戰略點主要原因為：① 當作儲存貨物的倉庫；② 當作船隊的補給與休息站；③ 是北上日本、西向福建、南向呂宋、往麻六甲海峽、印尼群島的地理中心；④ 還有鹿皮、糖可以換到日本的銀子。這是荷蘭在遠東的貿易布局。

> VOC在生意最旺的1641-54年間，平均有26艘船在遠東海域內東買西賣，單是臺灣與日本間的航線，每年有9艘專用船南來北往。

利潤究竟有多高？在這鼎盛的十年間，對日貿易的利潤平均有 100%。從臺灣運糖賣給日本的利潤約 25%，賣給波斯的利潤約 96%。

為什麼 1654 年之後，VOC 在遠東的貿易就走下坡呢？關鍵在中國的生絲市場，被孟加拉（Bengal）用低價搶走了。1641-54 年間，VOC 賣到日本的商品總價值，約有 1.28 千萬荷蘭盾，其中 7 百萬盾（約 54%）是生絲和絲綢。但到了 1650 年代中期，孟加拉的生絲價格，從 1651 年每磅 5.89 佛洛林（florin），暴跌到 1659 年的每磅 2.68 佛洛林。相對地，中國絲的價格，從每磅 2.38 佛洛林漲到 4.97，市場優勢完全顛倒過來。在這種情況下，1650-9 年間在中國海域航行的荷蘭船，從

頂峰時期的 26 艘減爲 20 艘。

更糟的是，遠東航線的利潤竟然減到 30% 左右。對 VOC 來說，如果利潤低於 60%，就不值得出海做這筆生意。接下來就是可以預見的惡性循環：把遠東航線的船再減爲 13 艘，到了 1660 年代末期，只剩4艘。任何人都明白，VOC 在遠東的生意快結束了。

VOC 的董事和巴達維亞的總督很快就有共識：不再派船到中國海。那麼要如何取得中國的貨物呢？替代性的方案很簡單：讓中國商船進入巴達維亞，荷蘭人不必派船出海，就能得到所需的各種貨物，可以省去船隻、水手的沉重成本。1690 年代，荷蘭完全放棄遠東，退守印尼群島。這個廣大的海域從此拱手讓給乘虛而入的英國人，做起鴉片和茶葉的生意。

鄭成功確實打敗過安平古堡的荷蘭人，這一點不必爭論。問題是荷蘭人爲什麼不調集砲艦回擊？因爲 VOC 從商業的觀點評估，已不值得在臺灣大打一場了。

參考書目

Blussé, Leonard (1996): No boats to China: the Dutch East India Company and the changing pattern of the China Sea trade, 1635-1690, *Modern Asian Studies*, 30(1):51-76.

氫原子是最簡單的原子系統，
由於其系統的單純性，相關的實驗
結果可以與理論做直接的比較，它
無疑是推進整個近代物理的發展上
扮演一個非常重要的角色，也是解
開量子物理之謎的鑰匙⋯⋯。

14 質子有多大？

檢驗量子電動力學計算
質子大小之精確度

劉 怡 維

人類日常生活中所熟知的物質世界，主要是由質子、中子及電子這三種半衰期極長的粒子所組成，質子和中子構成原子核，電子外部軌道運行。物理學家們的重要責任之一就是了解物質世界的構成與運行規則，所以，探索各種粒子的性質就是很主要的物理課題，其中又以對這三種粒子的研究最為重要與透徹。

質子帶有正電核，是物質質量的主要來源之一。元素中包含的質子個數界定了該元素在週期上的位置。自從1919年拉賽福發現氫原子核為單一質子所構成，物理學家們對這個粒子的研究已經將近100年，使得質子的所有性質有了很清楚地掌握；然而其中有一項性質卻是讓物理學家不是很滿意，就是質子的大小。

所謂「大小」，指的是什麼？在日常生活中我們毫不遲疑地使用這個字眼，但是物理學家需要更明確的定義。精確地說，大小是物體上電荷分佈的範圍。量測物體的大小，即是探測物體所具有的庫倫作用力，推算出該物體的電荷分佈範圍。

在質子已經被發現 100 年後的今天，為什麼物理學家們「忽然」想要把質子的大小（電荷分佈）量測清楚呢？這就必須將故事回朔到近代量子物理的起點——氫原子身上。氫原子是最簡單的原子系統，自十九世紀以來就被物理學家不斷的研究。由於其系統的單純性，相關的實驗結果可以與理論做直接的比較，也因此它在推進整個近代物理的發展上扮演一個非常重要的角色。我們說：它是近代物理學的 Rosetta Stone 羅塞塔石碑——

解開了古埃及文明之秘的關鍵之石。而氫原子就是解開量子物理之謎的鑰匙。

> 二十世紀初，爲了解釋對氫原子光譜的美妙規則，波爾的氫原子模型理論使量子力學的發展跨出了極爲重要的一步。之後，Lamb觀察到氫原子2s-2p的蘭姆位移（Lamb shift）是費因曼等人提出的量子電動力（Quantum electrodynamics, QED）最有力的證明。

　　後來對氫原子1s-2s雙光子躍遷的能量的精密量測，更證明了在QED理論計算可以與實驗達到極高的吻合程度。QED 本身則被稱之爲最精確的理論之一。這也就是氫原子光譜的精密量測背後的物理意涵與目的，即是想要進一步探觸 QED 的理論極限，這是所謂：量子電動力學的檢驗（test QED）。理論與實驗的吻合程度是不是可以不斷的向下延伸？到了什麼程度他們之間才會開始背離？而那個地方就將會是新物理（new physics）的開始。

　　然而，事情總是事與願違。雖然氫原子實驗的精確度近年來不斷的提升，卻沒有辦法用來真正檢驗量子電動力學。因爲理論的計算遭遇到了瓶頸！氫原子理論——束縛態量子電動力學，包括一個物理量即：質子的電荷分布半徑，簡單的說，就是質子的大小。這個物理量目前仍然無法由理論計算得到。在精確考慮電子與質子的交互作用時，我們必須考慮到質子本身的大小。質子不能像電子或緲子等輕子一般當成半徑無窮小的點電荷。此稱

爲finite size effect。而目前因爲物理學家對質子大小所知不甚清楚。於是以氫原子爲主軸的量子電動力學的檢驗的研究發展，就受限於質子大小精確知識。

> 當前質子大小主要由美國國家標準局的CO-DATA是根據氫原子光譜的實際測量結果，將各主要實驗室的測量結果加以平均之後，得出一個各方都能接受的數值：質子半徑爲0.8768 ± 0.0069飛米（1飛米爲1×10^{-15}公尺）。這樣的誤差範圍約爲正負0.8%，對於精密度越來越高的實驗而言，這個數值實在不敷使用。

於是包括我們清華大學物理系在內的國際研究團隊，集合來自法國、德國、葡萄牙、美國、瑞士及臺灣的 32 名研究人員，自 1998 年開始，進行渺氫光譜的實驗，希望測量出更精確的質子半徑。經過將近 11 年努力，在 2009 年夏天獲得成果，而且這項成果一舉震驚全世界，成爲 2010 年 7 月

《自然》的封面故事，因爲他們不但成功縮小了誤差範圍，更重要的是，他們發現質子的半徑比過去所以爲的小了4%，成爲

0.84184±0.0074 飛米。

在這裡要特別介紹的是 muonic hydrogen。它是由一個質子與一個帶負電的緲子（muon，μ-），所形成類似一般氫原子的束縛態組合，簡寫為 μp。緲子通常被當成為一個較重的電子，它跟電子一樣是輕子（lepton），但是質量是電子的 200 倍，生命期只有 2μs。我們所做的就是以雷射光譜學的方法對 muonic hydrogen（μp）進行研究。

Muon（緲子，μ）比電子重200倍，所以若是與質子共同組成一個類似氫的原子結構形成所謂 muonic hydrogen，其波爾半徑（Bohr's radius）將是一般氫的 1/200。也就是 muon 將會非常接近質子。我們把 muon 當成一個偵測質子的探測器。因為它非常靠近質子，有關質子大小所產生的 finite size effect 就更加明顯地表現在這種奇異原子的能階結構上。所以若是我們對 muonic hydrogen 的能階加以量測就可以反推出質子的大小。這將會比透過氫原子反推得到的數值更加精確。

這個實驗有兩大主要的困難需要克服，第一部份是製造出緲子，並使其順利取代氫原子的電子。第二部份是以雷射激發緲子氫原子，使緲子躍遷到較高能階，然後偵測回基態1s軌域時所放出的 x-ray 波段螢光，量測雷射頻率，得出緲子能階大小，從而導出質子電荷分佈半徑的數值。

此實驗是在瑞士的保羅薛瑞研究所（Paul Scherrer Institut, PSI）進行，這裡的加速器可以產生目前全世界最強的帶負電緲子束，是最適合的地方。製造緲子的方法是用環狀質子加速器產生的高速質子束撞擊標靶，產生拍介子，拍介子平均壽命僅0.026 微秒，會立即衰變為緲子。然而這個實驗所需要的，並不是只有製造出緲子束這麼簡單，還必須降低緲子的速度，因為緲

子在取代氫原子電子時，必須停留在 2s 軌域，才能進行後續的
實驗；若速度太快，能量太大，很容易跑到其他軌域。一列串減
速，冷卻渺子束的方法因此被發展出來。

　　經減速的渺子，取代了氫外圍的電子，與質子結合。這樣
的渺子氫原子有百分之一的機率會進入我們所需要的 2s 軌域。
實驗的方式是用可調頻率的雷射來激發這些掉到 2s 軌域的渺
子，使其躍遷到 2p 軌域，只要能調出剛好可使渺子躍遷的雷射
頻率，就可將雷射頻率換算為渺子所接受的能量，即是 2s 和 2p
軌域的能量差。因此本實驗的目標就是要找出正確的雷射頻率。

　　但是這種頻率的雷射卻非常難以產生，因為其波長接近 6
微米的紅光，正好是極容易被水吸收的波長。空氣中有很多水分
子，這種雷射在空氣中傳播距離很短，無法應用，因此根本沒有
商業產品，研究團隊必須全部自行設計。

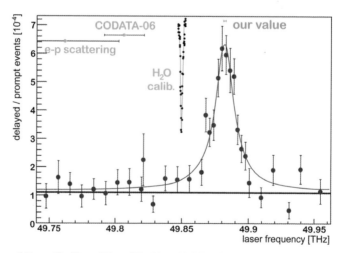

$2S_{1/2}$ (f=1)→$2P_{3/2}$(F=2): 49881.88±0.76GHz

r_p=0.84184(36)(56)fm

經過十年努力，於 2009 年夏天我們終於找到了使渺子發生躍遷的雷射頻率。它是令人驚訝的 49881.88±0.76GHz，而非原先理論預期的 49810GHz。計算後得出質子半徑為 0.84184±0.0074 飛米。這個數值和公認值相差了五個標準差，在物理上，實驗數據相差三個標準差以內，都算是實驗結果一致。五個標準差以上就是明確的完全不一致。質子半徑比公認值小了 4%。

這個實驗結果之所令人震驚，是因為物理學家們發現：

> 　　百年來所建立的現代物理學，竟然無法正確地計算與預測出這樣一個像氫原子般的簡單系統？！那對其他眾多更複雜現象，我們又如何能奢言了解呢？原本嚴密一致的量子力學受到了挑戰。就像是大廈的地基受到了撼動。武士的冑甲上出現了裂縫。

是不是量子電動力學錯了？這是不是就是新物理起點？是不是質子與渺子間有未知的作用力存在？是不是在如此從未探知過的超小尺度下，有著另一個世界，有著一些我們所不知道的奇怪

事情，而現在被這個實驗所揭露出來？ 目前為止，尚未有任何廣泛接受的解答。 物理學界將之稱為「proton size puzzel」（質子大小之謎）。

熟悉的旋律在腦中餘音繞樑，但卻怎麼也想不起它的歌名？ 到 KTV 時，要從電腦或歌本裡找歌，卻將歌名、歌手忘光光，而不知該從何找起？告別忘歌名窘境，就使用「內容式音樂檢索」進行哼唱選歌吧！

15 找歌？用唱的！—「哼唱選歌」簡介

語音與音樂處理在娛樂與教育的應用

張 智 星

你是否有以下的經驗：

○ 熟悉的旋律在腦中餘音繞樑、三日不絕，但是卻怎麼也想不起它的歌名。

○ 到KTV唱歌，朋友們熟練地從電腦或歌本裡找歌，你卻將歌名、歌手忘光光，而不知該從何找起。

這些都是「找歌」的應用情境範例。一般而言，若要找歌，最簡單的方式是經由歌曲本身的文字資訊來找起，這些文字資訊包含歌名、歌詞、歌手姓名、專輯名稱等，嚴格地說，這些資訊大多不是歌曲本身的資訊，而是用來描述歌曲資訊的資訊，所以又稱為 meta data，而歌曲本身的資訊則是表現於樂譜，包含主旋律與和弦等，其中最主要的資訊就是主旋律。如果我們能夠使用主旋律來搜尋音樂，這就是所謂的「內容式音樂檢索」（content-based music information retrieval）。此種搜尋又可以分成兩大類：

1.符號式輸入法（symbolic input）

以五線譜或是簡譜的方式來輸入你的查詢。以五線譜或是簡譜的方式來輸入你的查詢。若非受過音樂訓練，對一般人而言相當困難。例如：請問「倫敦鐵橋垮下來」的前十個音符是什麼？

2.聲音式輸入法（acoustic input）

以哼唱的方式來輸入你的查詢。這是一個比較容易的方

式。若請你哼出「倫敦鐵橋垮下來」的前十個音符，一般人都大概沒問題。

因此，如何進行「哼唱選歌」（query by singing/humming，簡稱 QBSH），近幾年來就變成一個很熱門的研究課題。本篇文將對 QBSH 進行原理說明，並進一步介紹相關應用。

若要進行 QBSH，主要的流程如下：
①對使用者的哼唱輸入進行處理，以產生音高向量。
②使用音高向量，與資料庫的歌曲進行比對，找出
　最接近的十首歌。

在第一個步驟中，必須將使用者的哼唱資料轉成音高向量，這個過程稱爲音高追蹤（pitch tracking）。首先必須瞭解，在講話或唱歌的時候，我們通常倚賴聲門的震動，才能產生週期性的波形（特別是母音），因此聲門的震動頻律就稱爲基本頻率（fundamental frequency），對於整段歌聲，我們希望能夠找到基本頻率隨時間而變的向量（稱爲音高向量），根據此向量，我們才能和資料庫中的歌曲進行比對，找出最相似的歌曲。

請注意，氣音的波形通常沒有規律性，因此也不具有基本頻率。你可以試看看，將你的手按在喉嚨上，並放慢速度說「七」，你可以發覺，在發「ㄑ」時，喉嚨是沒有振動的，聲音完全是由舌頭和牙齒間空氣的急速流動所產生，但在發「一」時，喉嚨開始進行規律性震動，呈現在外的波形也就有了規律性，請見下列圖例。

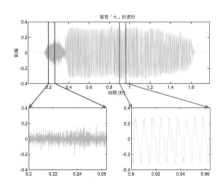

圖15-1　發音「七」時的情形

　　只要能夠抓到聲音的基本週期（fundamental period），那麼基本頻率就是其倒數。由上述圖形可以看到，母音有很明顯的規律性，因此我們可以由觀察法來找出基本週期。由於基本週期隨時間而變，因此我們通常將一連串的聲音先切成音框（frame），然後再找出每一個音框的基本週期，如圖15-2所示：

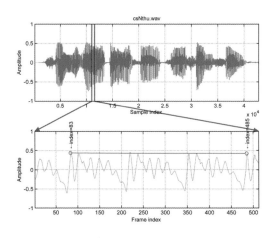

圖15-2　發音「七」局部波形的分佈

在圖 15-2 中，我們所處理的聲音內容是「清華大學資訊系」，取樣頻率是 16KHz（也就是每秒的聲音取樣點是 16000）。我們先切出一個音框，長度是 512 點（時間長度是512/16000 = 0.032sec = 32 msec），然後使用觀察法，在這個音框內挑到 3 個完整的基本週期，開始於第 83 點，結束於第 485 點，因此基本週期的時間長度是 (485-83)/3/16000 = 0.008375sec，而對應的基本頻率則是 1/0.008375 = 119.40Hz，代表每秒鐘大約有將近 119 個基本週期。

由於我們人耳對於聲音的高低，並不是直接和聲音的基本頻率成正比，而是和聲音的基本頻律的對數值成正比，因此，我們可以使用半音差（semitone）來表示音高，公式如下：

$$pitch = 69 + 12log_2 \left(\frac{freq}{440}\right)$$

其中 freq 是以 Hz 為單位的基本頻率值，而 pitch 則是以 semitone為單位的音高值。使用這個公式，就可以讓我們直接對到鋼琴的琴鍵，例如當 freq=440 時，所對應到的音高是 pitch=69，這就是鋼琴的中央 La 鍵。（鋼琴調音師通常以音叉來進行調音，主要就是音叉的基本頻率就是 440Hz，或是 69semitone。）

使用觀察法來抓音高並不難，但是若要使用電腦來自動抓音高，就需要一些技術了！這裡有很多方法可以用來抓音高，最直覺的一種方法，稱為自相關函數（audo-correlation function，簡稱 ACF），其原理是對一個音框反覆進行平移及內積，最後算出一條 ACF 曲線，再抓此曲線的第二最大值的位置，即可算出音高。

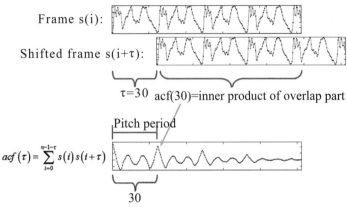

圖15-3　使用自相關函數（ACF）曲線計算音高

　　假設我們使用 s(i) 來代表音框內第i個訊號值，那麼 ACF 的公式可以表示如下：

$$acf(\tau) = \sum_{i=0}^{n-1-\tau} s(i)\, s(i+\tau)$$

　　換句話說，將音框每次向右平移一點，和原本音框的重疊部分做內積，重複 n 次後會得到 n 個內積值，這就是 ACF 曲線。當 τ=0 時，ACF 會有一個最高點，但這不是我們要找的點。當τ慢慢變大時，第一個基本週期會和第二個基本週期疊在一起，此時 ACF 又會出現第二個高點，這個高點就是我們要找的高點，此高點出現的位置，就是我們要找的基本週期。

　　根據上述的說明，我們就可以對一段聲音訊號進行切音框、計算 ACF、計算音高，並進而找出一段聲音的音高向量，別忘了，靜音是沒有音高的，因此還必須計算每個音框的音量（可簡單定義為每個音框內的訊號平方和），若音量太小，則將

此音框的音高設定為零，代表沒有音高。

　　使用上述抓取 ACF 音高點的方法，就可以對一段聲音進行音高追蹤，範例如下：

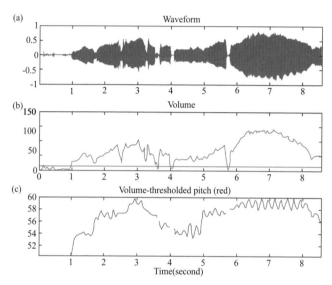

圖15-4　抓取音高實例

在圖 15-4 中共有三個小圖，說明如下：

①圖 (a) 是原始歌聲波形，這是由本系蘇豐文老師的歌聲「在那遙遠的地方」。

②圖 (b) 是音量圖，其中的紅線是音量門檻值（等於最大音量的 1/10），若音量低於此門檻值，音高則設定為零。

③圖 (c) 則是使用 ACF 所算出來的音高曲線。蘇老師以前是臺大合唱團高音部，唱歌技巧很好，所以在整段歌聲的後半部有很明顯的抖音，這個現象也詳實地呈現在對應的音高曲線。（事實上我們觀察抖音的現象，可以發覺抖音包含音高和音量的上

下抖動。）

　　一旦找到音高曲線後，我們要和資料庫中的歌曲進行比對。當然，資料庫的每一首歌曲也都是事先轉成音高向量的形式，通常我們取的音框長度是 32ms，因此每秒鐘會有 1/32 = 31.25 個音高點，若一首歌有 3 分鐘，對應的音高向量就會有 3*60*31.25 = 5625 點。而我們的哼唱輸入歌聲，若以 8 秒為例，則會產生 8*31.25 = 250 個音高值，我們的目標，就是要找出在這 5625 個點裡面，哪一段最像我們唱出來的 250 個音高值。

　　其實，當我們說「最像」時，其實這是一個模糊的概念，所謂「像」或「不像」，完全根據於我們所用到的距離函數，距離越小則越像，反之，則越不像。在計算兩段音高向量的距離時，我們必須考慮到下列問題：

①每個人唱歌的音高基準不一樣，例如女生唱歌的 key 會比較高，而男生會比較低。

②每個人唱歌的速度也不一樣，有的人快一些，有的人慢一些，可能都會和資料庫中的歌曲速度不同。

　　對於第一個問題，我們可以先將兩段音高都平移到同一個音高基準，再進行比對。對於第二個問題，我們可以先假設速度的變化是均勻的（若速度快，就從頭快到尾；若慢，就從頭慢到尾，而不會忽快忽慢），在此情況下，我們就可以採用「線性伸縮」（linear scaling，簡稱 LS）的方法來進行比對，如圖 15-5 所示：

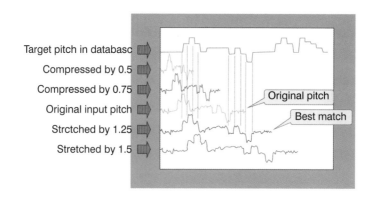

圖15-5　線性伸縮法（LS）

　　我們可以看出，當我們將輸入音高向量拉長 1.25 倍（同時將輸入音高向量的平均值平移到對應歌曲音高向量的平均值），將和資料庫中的某一首歌曲得到最近的距離，此距離即是此輸入音高向量和此歌曲的距離。（在此的距離函數可以簡單地定義為兩個向量在高度空間的直線距離。）因此在比對一首歌曲時，我們可以嘗試不同的伸縮倍數，例如從 0.5、0.51、0.52、...、1.49、1.50 等，共 101 種可能，來找出最佳的伸縮倍數以及對應的最短距離。若有資料庫中有 1000 首歌曲，我們將得到 1000 個最短距離，我們可根據這些距離來排序，距離越短的歌曲，就越是可能我們哼唱的歌。

　　但還有一個問題還沒有解決：我們要從哪裡開始比對呢？一般而言，有幾種可能：

①從頭比對：大概只適用於一般兒歌。

②從每一個句子開始比對：一般人唱歌大概也都是從一個句子開始唱，如果資料庫來源是卡拉 OK 所使用的 MIDI 檔案，那我們就很容易找到每一個句子的位置，因為卡拉 OK 的歌詞顯示

就是以句子為單位。但是資料庫若是一般的 MIDI 檔案，可能就沒有此資訊。

③從每一個音符的開始來比對：若只有一般的 MIDI 檔案，無法知道句子的位置，也只能從每一個音符的起點來比對，計算量會大幅增加。

④從每一個音高點開始比對：若資料庫來自於人聲的哼唱，在不切出音符的情況下，就必須依賴這種運算量更大的比對方式。

目前商業網站也有採用哼唱選歌，最有名的網站是 Soundhound，可以直接連到 http://www.soundhound.com 進行測試。我們實驗室也架了一個哼唱選歌的展示系統，稱為 MIRACLE，目前資料庫約有 13000 首歌，採用 GPU 進行比對，比對時間只需 3 秒，可由 http://mirlab.org/demo/miracle 來進行測試。圖 15-6 是經由 MIRACLE 網頁唱入《榕樹下》最後一句所的到的結果，由於《榕樹下》原來是日本歌《北國之春》，在各地被翻唱成各種歌曲，雖然歌名、歌詞不同，但是旋律還是都一樣，所以我們會找到許多旋律與《榕樹下》一樣的歌曲，包含《故鄉之春》、《北國之春》、《我和你》等，這適足以說明「內容式音樂檢索」的特性：只看內容而不看 meta data。

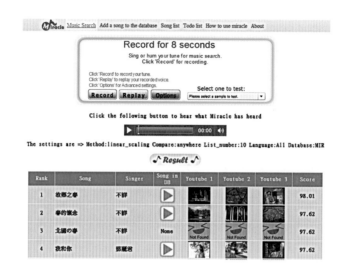

圖15-6　MIRACLE 資料庫搜尋引擎檢索

　　說明至此，我相信大家對哼唱選歌已經有一個基本的了解，或許你們會問，那下一步是什麼？還有什麼技術問題尚待克服？其實問題還很多，相關的研究也一直在進行當中，以下列出幾點：

①歌曲資料庫的建置，是最大的問題。例如，當我們要將哼唱選歌用於卡拉 OK，我們必須先將所有的卡拉 OK 歌曲建入資料庫，但是如何對這些複音音訊音樂（polyphonic audio music）進行音高追蹤呢？這是一個困難的問題，因為一旦音樂中包含人聲及背景音樂，人聲的音高就很難被準確地計算出來。

②第二個問題，哼唱選歌的計算量會隨著資料庫歌曲的提升而增加，雖然增加幅度是小於線性成長，但是若考慮全世界所有的歌曲（超過五億首，且還在持續增加中），運算量是相當驚人。要對付這麼大量的計算，目前最流行的方法是雲端計

算（cloud computing），讓大量的 CPU 能夠發會螞蟻雄兵的功能來完成大量的比對。另一種方式則是採用 GPU（graphic processing unit）來進行大量的平行運算，我們測試的結果，若要對付 13,000 首歌，從每一個音符起點開始比對，具有 384 核心的 GPU 只要花 3 秒的時間就可以完成 8 秒的哼唱比對，比一般的 CPU 快了將近 20 倍，這也是我們的 MIRACLE 哼唱搜尋引擎所採用的方式。

關於第一個困難點，你可能會問：「但是人耳都聽的出來 MP3 音樂內人聲的音高啊，為什麼電腦做不到？」哈！這是一個大哉問，我還不是很明確地知道人腦如何做這件事，但我們明確地知道電腦這件事做不好。每年有一個世界知名的研討會 International Society of Music Information Retrieval（簡稱 ISMIR）會舉辦各項音樂檢索評比，其中有一項是 audio melody extraction，雖然每年的效能都有增加，但目前的 raw pitch accuracy 還不到 85%，可見人耳和人腦的確比電腦厲害很多。當然，電腦還是人腦所造出來的，所以我們電腦科學家的最終目標，就是要造出和人腦一樣厲害的電腦，來降低人腦的負擔，但這樣會不會讓人腦退化呢？這就要靠時間來證明了！

天文學是一門古老且尖端、看似平易近人的科學。業餘愛好者可以很狂熱，目的可能只是要拍攝一張美麗的天文照片或觀賞罕見的天象；專業天文學家埋首研究，用最尖端的儀器嘗試解開宇宙之謎。兩者沒有必然的關係，卻可以互相啟發。

16 斗轉星移

江國興

由古至今，人類對浩瀚的宇宙充滿無窮的好奇心。試想一下，古時沒有電燈，每當夜幕低垂，在寧靜的戶外仰望著天空閃耀的繁星，利用想像力將星星分成不同的區域，成為今天的星座。隨著時間的流逝，斗轉星移，是多麼動人和浪漫的事情。浪漫的背後卻有一份神秘感，誘使我們去過問究竟。這正是天文學的起源，也可能是推動科學和哲學發展的最大動力。

　　天文學是一門古老又尖端的科學。古代中國設有制定曆法和觀測星象的官員（如司天監），現代則每一所世界頂尖大學都設有天文研究單位，此反映天文學的特殊地位。

跟其他科學比較，天文學是一門平易近人的學科。大家只要跑到戶外，舉頭遙望夜空，即使沒有望遠鏡，都可以學習天文和感受大自然的奧妙。我身為一個專業天文學家，同時也是一個業餘的天文愛好者。兩者雖然是同根同源，但其意義完全不同。天文學家一般是指在大學或研究機構工作的研究員或教授，他們大都擁有跟天文學相關的學位，以研究和教授天文為日常工作，天文就是他們收入的來源。業餘天文愛好者就是以天文作其嗜好，一般來說，他們都有別的正式工作，只在閒暇時從事天文活動。世界各地有很多業餘天文愛好者，他們對天文學常有重要的貢獻，所以也常稱他們為業餘天文學家。相對於其他科學領域，我們很少聽說有業餘物理學家或業餘化學家，這是天文學獨特之處。

不論對專業或業餘天文學家來說，天空就是我們的實驗室

和博物館。但跟其他學科不一樣的地方是我們無法控制實驗的進行或博物館的收藏，尤其我們還要面對天氣和環境的影響。所以天文學家總是在遠離城市的地方進行觀測，而天文臺都是在天氣最好的地方。在城市長大的我，小時候爲了觀星，總得待天晴時帶著望遠鏡坐公車到偏僻的地方進行觀測。現在我卻要搭飛機到世界最好的天文臺利用大型望遠鏡蒐集來自遙遠的天體的數據。每當我到天文臺工作時，總是非常興奮，因爲那片美麗的星空讓人驚嘆且難以忘懷。

天文臺的環境並不是每一個天文學家都能習慣的，像擁有許多世界級大型望遠鏡的夏威夷毛納基亞天文臺群，位於 4200 公尺的高山上，夏天晚上的溫度通常都低於 10 度，冬天還會下雪，部份天文學家更會有高山症。除了研究太陽的專家外，絕大部份使用光學望遠鏡的天文學家都是在晚上進行觀測。由於觀測時間非常寶貴，所以我們在日落前已經在望遠鏡的圓頂室準備，晚餐的時間得在下午五時左右，接下來就是工作至天亮，到白天才有幾小時的睡眠時間。

由於現代的天文望遠鏡都是用電腦控制，一般的專業天文學家通常都在圓頂的控制室工作，在舒適的環境透過電腦和監視螢幕蒐集數據。天上每一個天體都有獨

圖16-1　南非天文臺的夜空

一無二的坐標，只要輸入電腦，望遠鏡便能迅速而精準地調整至所需的位置。所以作為一個專業天文學家，並不需要懂得辨認星空，最重要是科學的頭腦。我總覺得有點可惜，因為那讓人陶醉的星空才是真正使天文學家追求真理的原動力。站在世界最好的天文臺，感到天人合一，天上的繁星有種壓迫感，縮短了天與地的距離。天文臺雖然在遠離光害的地方，但晚上並不是如想像中一般漆黑，相反地，星空將地面照亮，根本不需要照明設備便能在戶外活動。若然天氣變壞，風起雲湧時，那才伸手不見五指。我很喜歡在觀測進行得順利時，當望遠鏡的數位相機正在曝光，偶爾跑到外面觀星，有時候我也會利用自己帶來的小型望遠鏡和相機將那使我陶然的星空留影。在漫漫長夜，我遊走於專業與業餘之間，不亦樂乎，也讓我思考研究天文學的意義和感受歷代偉大天文學家的努力。

在天文臺工作時，天文學家就像夜貓子一樣過著日夜顛倒的生活。每一次觀測通常持續一個晚上至一個星期。若觀測順利，天文學家往往要花幾個月或更長的時間去分析數據和整理研究成果。同時，因為望遠鏡的需求非常大，許多天文學家不一定每年都可以親自到天文臺工作。所以天文學家的一般生活跟其他科學家沒有太大不同。隨著科技的進步，不少天文臺已經是全電腦控制，或者是由一組望遠鏡操作助理代替天文學家進行觀測。事實上，現在很多天文學家已經不需要長途跋涉到天文臺工作，這樣不但可節省交通的時間和費用，也可使天文學家專注於研究，更不用因為天氣問題而浪費寶貴的時間。此外，如果是使用太空望遠鏡，當然就不用舟車勞頓到天文臺去。所以現代天文學家大部份的時間是用來作數據分析，真正在天文臺使用望遠鏡的時間是非常少。

雖然業餘天文愛好者視天文為興趣，一些業餘天文愛好者

除了觀賞星空和拍攝美麗的天文照片外，更發現新天體如彗星和超新星。由於業餘天文愛好者使用望遠鏡的時間往往比專業天文學家要多，一些需要長時間監視的天象，業餘天文愛好者的貢獻是非常重要的。現在有很多業餘天文愛好者提供專業天文學家寶貴的觀測數據。因部份天象是地域性的，業餘天文愛好者的流動能力便發揮其作用，最瘋狂的便是追日全食的天文愛好者。日全食的過程驚心動魄，令人動容和熱血沸騰，且每次日全食的景象都是獨一無二的。雖然日全食每隔一至兩年便發生一次，但因每次全食的時間只有數分鐘，最長的不過是六分鐘左右，且觀測地點幾乎每次都不同，要欣賞壯觀的日全食，就得要追逐太陽。自從我在1999年於羅馬尼亞看過第一次的日全食後，就像成癮一樣，在過去十年，已先後追日全食六次及兩次日環食（2012 年的日環食剛好在臺灣），足跡遍佈歐洲、非洲、澳洲及中國。最誇張的一次算是 2002 年在澳洲看一次只有 26 秒的日全食！

　　業餘天文愛好者可以很狂熱，目的可能只是要拍攝一張美麗的天文照片或觀賞一些罕見的天象，這全是因為興趣所驅使。專業天文學家卻埋首研究，使用最尖端的儀器嘗試解開宇宙之謎。兩者沒有必然的關係，但卻可以互相啟發。斗轉星移，不但代表我們怎

圖16-2　夏威夷毛納基亞峰上的天文臺（背後為兩臺直徑 10 公尺的凱克望遠鏡，最左側是日本的 8.2 公尺 Subaru 望遠鏡）

樣從觀察去理解這個多姿多彩的宇宙背後的物理規律，還隱藏著
我們對星空的幻想和讚美，這正是天文學最奧妙的地方。

圖16-3　1999年作者於羅馬尼亞拍攝的日全食

圖16-4　2006年作者於埃及觀測日全食

臺灣人的創意數一數二，你不可不知屬於臺灣的「稀有元素」與「文化行李」，更不得不提啓發創意的「幽默創意」。創意也是一種跨界的思考力，就讓我們將其建構於「人生學分」，將ROC去政治、入創意，改寫ROC成爲創意共和國！

17 ROC (Republic of Creativity)：
大家一起來賣臺

王 俊 秀

以用「大家一起來賣臺」這樣一個聳動的題目來開場，意即，臺灣現在能賣的不多，工廠都往大陸去了，外交也不是太好，那我們還剩下什麼？剩下的叫做「稀有元素」，「稀有元素」其中一個就是「創意」了：臺灣不缺生意，缺創意。用「創意」的方式把臺灣的產品、idea、名牌、社會創新等行銷出去。這個過程叫做「典範轉移」（paradigm shift）。「典範」是一組相對的思想，可以影響我們的思想跟行為，例如過去稱「人定勝天」，而現在轉向「天人合一」，也就是說「典範」正在轉移。一樣的道理，以前談到「賣臺」，那一定是不得了的事情，好像要背叛國家，現在把這個負面「賣臺」轉成正面的「賣臺」：用「創意」來「賣臺」，把臺灣的各種「好」賣出去。

從過去很多數據都看得出來，臺灣在各個世界發明展中所得到的金牌、銀牌的總數，已經連續十年得到世界冠軍。這代表什麼？雖然他的產品大多沒有行銷出去，但是他的「創意」在全世界應該是數一數二的。這僅僅是發明而已，更不用說在各個層面把「創意」放進去，或把「生活美學」放進去，而這都是賣臺的機會。

早期很多電影中，都談到 made in Taiwan，意思就在取笑臺灣的產品不好。雨傘壞了，一定說 made in Taiwan。好多電影都在談 made in Taiwan。現在要謝謝大陸！現在是 made in China 才是壞東西；made in Taiwan 現在變成好東西了！所以要趁勢追擊，把 made in Taiwan 好好發揮，包括創意點子與產品。

最近「創意點子」裡，有一個跟「社會學」有關的，叫做「同名網絡」，這樣一個市場正在興起。大家都有十二生肖，大家都有自己的星像與所謂「同名網絡」就是把全臺灣與全世界的王俊秀（自己為例）集合在一起，大陸有一萬六千多個王俊秀；

臺灣也有幾百個。這樣一個「同名網絡」正在市場上被發掘起來。用這樣的方式把新的社群網集合起來，就等於促進了「文化資本」、「經濟資本」跟「社會資本」。

> 「生理學」說過：人的腦細胞只開發百分之五；「心理學」也說：人只有十分之一是清醒的。這代表「生理」跟「心理」上，人的潛能還有很多發展的空間！其中有太多是被我們所壓抑、制約，而「創意」當然是其中一環。

在制約的過程裡，我們特別提出一個概念叫「文化行李」。它們就像行李跟著我們，影響我們的思想與行為。例如「風水」就是很重要的「文化行李」，它主導了我們生活的很多層面，包括：買房子一定要看方位；陰宅更是一定要看方位；升個小官也要移動桌子；這些都是「風水」的關係。意思也就是說「文化行李」主導我們的思想，進而影響我們的行為。在這個情況下，我們就要提到愛因斯坦的名言：

「問題無法在既有的情境中獲得解決。」

這句話比他的「相對論」還重要。因為有前述的思想，才有後面的行為，因而產生「相對論」。這句話如果翻成白話文，意為：教育問題找教育專家來解決，註定要失敗；環境問題找環境專家來解決，也會失敗。這句話非常貼切，如果我們沒有「大大的學」、沒有超越自己的專業，我們在大學將會培養很多視野

不寬、格局不高的專家，到最後都變成「專門害人家」，或用「專業」害人家。

再回到「大學」這個主題來。「大學」本來就要我們大大的學。所以「大學」由二個拉丁字（Unum+Versus）組合而成，亦即趨向「合而為一」。意思就是學到很多東西，然後消化它們使變成「一」，也就是「獨特」，而不是「專業」。很多人把「一」當作是「專業」，並不恰當。「一」就是「獨特」，就是非常特別「大學人格」的風格。這個教育過程裡，東方的「士」也是一樣的。士這個字的上面是「十」，底下是「一」，就是「推十為一」，意思就是要追求至少十種的相關知能，合成獨一無二的自己。創意思考與解決問題當然是「大大的學」的範疇。

首先「創意」這個字根就隱藏了文化的密碼。簡單來說，創字的文化密碼就是「倉」加上「刀」。「倉」就是儲存百貨的地方，即「知識庫」、「智庫」及「博物館」，也就是「推十為一」的十。因此博物館包括校園、真的博物館、都市景觀以至於整個社會。用這個觀點來看，每個人、每位同學必須把自己當作一個「博物館」來經營，我稱之為「自我博物館化」。創意思考與解決問題必須要先「自我博物館化」，接著「刀」就是精雕細琢。「意」是「立」、「日」、「心」，亦即，立下如太陽之心。也就是照亮社會。

有很多人詮釋過「創意」。

大前研一說過：「21世紀是沒有標準答案的時代，發想是生存最重要的技巧。」

> 賴聲川教授認為：「找出限制來，在限制內作到圓滿。」

為什麼有很多的「創意」？因為我們的生活中，有太多的不圓滿，看到它不圓滿，希望它有圓滿的時候，「創意」都會出現。

> 鈴木俊榮教授謂：「初學者的心中可能性很多，專家心中可能性很少。」

專家就說只有這個答案啊！好像沒有其他答案，所以，專家心中的可能性很少，因為他們常常只在其專業框框內思考。

> 林懷民先生主張：「年輕的流浪是一生的養分！」

所以，很多的學校提出「流浪者計畫」，到處去看看、找尋答案、發掘問題，這是「創意」的主要來源之一。

> 法蘭克蓋瑞說過：「我不知道要去哪裡？如果知道，我不會去。」

如果你事先有規劃，基本上都不會有什麼「創意」。但是，如果到處展開所謂「悠閒的好奇」這樣的觀點，常常「創意」就從中而來。

> 余秋雨先生說過：我們可能不知道什麼叫做「創意？」卻一定知道什麼叫做沒有「創意」。

類似這樣的詮釋，都告訴我們「創意」是一種生活態度。

「創意」也是一種多元智能。因為，在這個過程裡，我們能夠學到的教育哲學包括：「大學」——大大的學、「自我博物館化」、「行動饗宴」、「典範學習」、「專業內內行、專業外不外行」、「撥動心弦」等等。最後一個是「悠閒的好奇」。這些都是我們在提供「創意」社會裡的一些基本的思考與核心理念。

那臺灣有什麼「稀有元素」呢？臺灣不缺「教育」，缺「教養」。我們知道接受「教育」沒有什麼困難！重點是臺灣缺「教養」。

臺灣也不缺「人才」，臺灣缺「人品」；

臺灣不缺「經師」，缺「人師」；

臺灣不缺「人民」，缺「公民」；

臺灣不缺「典章」，缺「典範」；

臺灣不缺「技術」，缺「藝術」；

臺灣不缺「個人游導隊」，缺「團隊」；

臺灣不缺「生意」，缺「創意」；

臺灣不缺「生產」，缺「生態」；

最後二個，臺灣不缺「激動」，缺「感動」；

臺灣不缺「憂鬱」，缺「幽默」。

所以，這樣的說法告訴我們，擴大臺灣的「稀有元素」就是我們的機會，當然，「創意」是其中一項重要的稀有元素。

再回到「文化行李」，前述的「風水」是其中之一。另外，華人社會的「文化行李」還包括：「差序格局」，就是在「情」、「理」、「法」的順序上，我們跟西方社會不一樣。我們先講「情」、再講「理」、後講「法」；而西方是講「法」、「理」、「情」。第二個文化行李是「父子軸」，是造成今天華人社會「重男輕女」的主要根源。因為，西方社會為「夫妻軸」、印度社會為「姐妹軸」、很多原住民社會為「兄弟軸」。「父子軸」非常重視傳宗接代，特別是男生。因此導致婦女在過去幾千年根本沒有什麼地位，包括「三寸金蓮」，都是「父子軸」底下的產物。所以在華人社會裡，要改變這樣的狀況，要先從「文化行李」改變起。因此，「文化行李」就會產生二個情況：一個是不好的「文化行李」，我們想辦法用「創意」的方式把它取消。另一種是好的「文化行李」，使用它們來賣臺。

接下來，「下舖上住」也是臺灣的「文化行李」。西方社會的空間分區（zoning）基本上是商業區在中間，然後下班回家到住宅區，下風處是工業區，然後學校、公共設施分佈在不同的地方。在西方的社會裡，這種為都市計畫的「分區制度」為「平行分區」。「平行分區」是為了避免「空間摩擦」而設計，好像人個性不合會吵架一樣，是為了避免「空間摩擦」而產生的風險。可是在臺灣卻是「垂直分區」，因為臺灣是「下舖上住」。一樓開店叫商業區；二樓住家叫住宅區；三樓卡拉 OK 叫娛樂區；四樓工廠叫工業區。因此整棟大樓都是不同的分區，所

以臺灣被認為是「高風險社會」。因為不同的分區,容易產生「空間摩擦」。報上會發現「綜合大樓」常常發生火災,其實「綜合大樓」就是每一層的用途都不同。另一個文化行李為「進補文化」,華人社會非常強調「進補文化」。簡單來說,就是吃A補A、吃B補B、吃C補C。結論就是,有ABC的動植物到臺灣難逃一死!因此,如果要改變「進補文化」,要從「文化行李」做改善開始。

前述「文化行李」的例子說明創意蘊釀過程需要在地化的土壤,因此希望可以用 ROC 來「去政治」、「入創意」,把ROC改成「創意共和國」。以下的一些論述有助於鼓勵創意:格局決定結局、態度決定高度、思路決定出路與腦袋決定口袋。在上述思想與行動過程中,「創意」會互相激盪。當然,我們都認為「創意」也是一種追逐夢想的過程,那個夢是過去所沒有人做過的。所以「有夢最美」、「夢圓更美」、「縱使夢醒也是凄美」,最後一句特別重要。推動創造力教育的我們,沒有悲觀的權利。我們發現過程比結果重要,或許沒有結果,但是過程卻好美,那就夠了!所以「夢醒凄美」是特別給追求創意者的一個鼓勵。

「創意」是土壤,沒有土地,那有花?「創意」是個平臺,需要整合、串聯及團隊合作。所以「創意」有二種說法:一種說「創意」可以教,激發一下「創意」會出來!另一種說「創意」是不能教的!「創意」像風一樣輕輕的飄,因此,「創意如風」的理念是:「創意」是分散在點點滴滴中,「創意」是不能教的,這二個理論都有自己的基礎,都是對的。所以,在這個過程裡,我們希望在學校裡恢復School 的本色,School 這個字原有「休閒」的意思。因此強調潛在課程,這些其實非常合乎大學理念。

先有「創意」才有「發明」。我們知道很多東西都是發明出來的，包括很多學者的概念都是發明出來的，譬如說：「一技之長已經變短」，這個詞也是發明出來的。我們都說「一技之長」，可惜現在的技術根本用不了幾年，所以說「一技之長已經變短」。又有人提出「菜籃自覺」、「搖籃自覺」的概念，特別是論及「生態女性主義」時，家庭主婦因為社會制約，所以較常去買菜，買菜時看到菜那麼漂亮，一定想問：這有沒有農藥？因此開始展開「共同購買運動」，這就是「菜籃自覺」，其與現在推行的「一百平方公里運動」相關。意思就是：吃的東西，要來自方圓一百公里以內，不要買國外的東西，助長「全球化」的「資本主義」。因此，共同購買運動正在推動所有食材都要來自一百公里以內，都市社區與鄉鎮農場，簽定社會契約等。本校竹蜻蜓綠市集推動的「低碳食物旅程」，定為 30 公里。

再來論「三寸金蓮現代化」的概念，「三寸金蓮」現在當然沒有了，雖然現在女生的腳都到九寸了，可是她們能去的空間跟時間也不會很多。因為，社會治安不好，晚上不敢一個人搭計程車，這邊也不能去；那邊也不能去！嚴格算來，她們能夠去的時間跟空間比清朝的女生更少，這叫做「三寸金蓮現代化」。這突顯出臺灣的社會是「富裕中的貧窮」，意思是經濟上非常富裕，環境卻很貧窮、社會很貧窮。其他相對矛盾的在臺灣其實很多：例如「成功中的失敗」、「擁擠中的孤獨」這樣的概念。其實，二元中的「第三元」最精彩，也是創意的來源，所以，「創意設計」千萬不要被「二元」所主導。有人說：不是對、就是錯！這就是過去升學主義下的殘毒。當年我們都必須學答標準答案：不是對、就是錯！這些對我們的「創意」有很大的傷害！例如時下流行的「統」跟「獨」哪裡只有二個答案？最精彩的答

案叫做「第三元」：「統中有獨」、「獨中有統」、「不統不獨」、「又統又獨」。

接下來談「僵師產生絀生」。意思是：我們很多老師在過去都是沒有受過通識教育的受害者。我們以為，只要把「專業」教好就好了，其實在教室以外的東西一樣重要。有人說：「教育」是忘掉課堂所學剩下的才叫做「教育」。基本上，同學們都不會記得課堂所學的細節，但可能會記得平常一句如雷貫耳的話或一些課外活動，所以，老師中如果「僵師」太多，那就產生了一些「絀生」，臺灣的教育應該做一些改善了！

另外，「廣告」也是我「創意教育」裡很重要的一種教材。在很多的中小學裡，我們都讓同學們回去看電視，但是只能看「廣告」，因為「廣告」最好看，由「廣告」來討論「創意」的概念。

許多「發明」都在「限制中求得圓滿」、「不圓滿中求圓滿」。以下為各位介紹幾個日本相關案例，都是很好玩的發明。例如這個「站著睡覺」的支架，為什麼要站著睡？因為東京的房子買不起，一定要住郊外。早晚通勤需要二個小時。每天坐電車通勤者，都沒有睡飽，那就站著睡吧！所以，就有人發明站著睡的輔具。再看這個防雨罩：怕漂亮的衣服或鞋子在雨天中弄濕了，所以外面罩一個跟雨傘在一起的罩子，就好像一個會移動的小小房子一般。接著為了要讓爸爸體會哺乳，所以做了一個很像乳房的哺乳用具，讓爸爸有機會參與小孩子的成長過程。接著是「座位吸盤」專利的例子，這個吸盤用在有位子坐的情況（剛剛那個站著的，是沒有位子坐的），有位子坐時就放吸盤吸住後面玻璃，就不會點頭，可以好好的睡。睡的時候，前面還有一個牌子寫「到 XX 站請把我叫起來，我要下車」，如此還可以因為互

相幫忙而促進社會和諧，這些發明都是日本的專利。

另一個重點是：「創意」其實常常發生在生活周遭。年輕一代，對手機一定比我們熟，手機不只用來打電話，還可以將手機玩到出神入化。那麼，手機能不能有些創意？我們知道二個不同東西加起來，就是一個新的發明、新的創意。手機可以加什麼？臺灣還沒有發現手機加電擊棒吧？臺灣的社會治安不好，女孩子每個人都需要一支電擊棒不是嗎？手機加手電筒的產品已經開發出來了。我這裡的重點是：這裡面充滿了無限的可能性！手機加什麼會一個新的產品？類似這樣的觀點，可以讓同學有機會去練習，把思想更加的活絡起來。

接下來要談「幽默解放、創意有望」。在「創意設計」的過程裡，有一個能促進與激發「創意」的就是「幽默」。「幽默」跟「快樂」已經被證實可以激發「創意」，而且會「解放」自己。因為「幽默」是「放下」，是取笑自己讓別人笑，「幽默」並不是取笑別人！其實取笑自己的人，都是有自信的人；有自信的人，才會幽默。因此，把「幽默」當作一個人格特質，用來培養「創意設計」人材，是最近一些心理學家與設計家在做的一個嘗試。很多人的個性，其實並不「幽默」，那麼就學習容忍「幽默」，這也是一種很重要的個性。也就是要「容忍」、「了解」、「欣賞」與「認同」不同的人地事物，如果可以「容忍」一些奇奇怪怪的現象，才有機會產生「創意」，所以「容忍」、「了解」、「欣賞」、「認同」是「創意」個性的另一面。

Humor 是 1924 年由林語堂譯成「幽默」兩字的。Humor 以前是指四種不同的體液所組成的混合物，因為體液的組合不一樣，於是產生有人幽默、有人不幽默；有人個性急躁、有人慢條斯理的現象。因為「生理」影響「心理」，才會形成所謂的「幽

「默」。「幽默」與「快樂」是臺灣的「稀有元素」。臺灣最近不是很快樂！因為臺灣的「快樂指數」排名是世界第六十三名，這個名次其實是高估的！因為主流社會的臺灣人都不是很快樂，快樂的人都在山海邊，像臺灣的原住民，個性就是很樂天，也很「幽默」。還好臺灣有原住民，不然臺灣的「快樂指數」會落到一百名外。亞洲只有一個國家進榜十名內：不丹。不丹這個國家排名第八。其餘的，都是一些北歐的國家。這些國家有有幽默傳統與快樂結構，其中一環就是笑話。

笑話也是「創意」的產業，很多笑話都是發明出來的，例如以下這幾個笑話，如果拿到日本，日本人會聽不懂；拿到美國，美國人也聽不懂，因為這些笑話具有很強的「抓地力」，抓住臺灣的土地！因為它們有臺灣的特色，例如以下「麥當勞」的笑話：

　　一群臺灣人去大陸旅行，跑到麥當勞說：「小姐我要一個漢堡。」櫃檯小姐就問：「先生先生！請問你要不要『加蛋』？」結果，臺灣去的歐吉桑就說：「不是叫我在這裡『等』（加蛋），難道是叫我在外面『等』嗎？」

那個「蛋」恰巧跟臺語的「等」諧音。一經轉換，這個笑話只有在臺灣或臺灣人才聽得懂。拿到國外，就聽不懂了。語言的笑話很多，像是「CD」的笑話，也是臺語與英語間的諧音轉換：

　　空中小姐為乘客帶位，把客人帶到座位時，就說：「小姐你 C 在這！先生你是 D！」

這個笑話的重點是，C 跟 D 剛好是臺語「死」與「豬」的諧音。「小姐你 C 在這！」聽起來像是：「小姐你『死』在這！」；而「先生你是 D！」聽起來像是：「先生你是『豬』！」類似這樣的事情，就變得很有笑點。

「孔子也瘋狂」也是一則很有趣的笑話。話說為了追求國際化，所以大家都要印英文名片，孔子的好朋友孟子、莊子、曾子、荀子，全都印了英文名片，只剩下孔子還沒有印。孔子很自負地說：我叫 Confucius，全世界誰不認識我？幾經說服，發現孔子的字是仲尼：Johnny，又聽說他常常周遊列國講學，所以他的英文名字就叫 Johnny Walker，孔子很早就開始賣酒了。

以下的笑話由詩詞而來，可能要有文學造詣的人，才會創造出這個笑話。這是首叫「臥春」的詩，老師唸出這首詩，並請各位把它寫下來：

〈臥春〉

暗梅幽聞花，臥枝傷恨底，遙聞臥似水，易透達春綠。

岸似綠，岸似透綠，岸似透黛綠。

某位同學的答案如下：

〈我蠢〉

俺沒有文化，我智商很低，要問我是誰，一頭大蠢驢。

俺是驢，俺是頭驢，俺是頭呆驢。

這個經典笑話，要是沒有足夠的文化底子，恐怕格局就不會這麼高！我的意思是說，我們在大學、在研究所裡，創造出來的笑話，就是不一樣。由這樣的笑話，我們得到一個結論就是：不用功讀書，也要把聽力練好！類似的笑話很多，可以把我們在培養「創意設計」人材的氣氛弄得很「幽默」。

接著也是一個有關大學好玩的笑話。

　　大學某系想買一部冰箱，呈上校方後，被退了回來。助教一看，怎麼可以！五年五百億，冰箱都買不起！因此，就改變品名重新申請，冰箱叫做「類神經人智慧溫度調節器」；骰子叫做「數位決策產生器」；零食叫做「高密度能量單位」。一切都把他「學術化」。本來不通過的東西，換個名字，結果變成：為促進學術進步，貴系要求之配備全數通過。

至聖先師孔子的還有另外一個笑話，孔子不但是世界第一個賣酒的人，他也是世界第一個開補習班的人，我們有證據證明他的補習費怎麼算、學生享什麼福利，明文規定如下：

　　三十而立：交三十兩的人，可以站著聽課；
　　四十而不惑：交四十兩的人，可以發問直到你沒有疑問為止；
　　五十而知天命：交五十兩的人，可以知道明天小考要考什麼；
　　六十而耳順：交六十兩的，考試時老師可以在你旁邊提醒答案，直到考順手為止；

七十而隨心所欲不逾己：交七十兩的人，上課
要躺、要坐、要來、不來隨便你。

因此，我們可以證明孔子是第一個開補習班的
人。

日常生活裡，也有一些「經典誤會」的創意笑話。

護士看到病人喝酒就說：「小心『肝』啊！」
病人說：「小寶貝！」；

有位女士在公共汽車上，看到一位即將下車的
男士，掉了包煙在踏板上，於是趕緊對那男士說：
「你『煙』掉了！」男人大怒道：「你才『閹』掉
了！」

公車上，站著的孕婦對身旁坐著的陌生男子
說：「你不知道我懷孕了嗎？」可是男子卻說：
「可是孩子不是我的啊！」

創意常來自「跨界」，因此吃雜糧與讀雜書有益身心健
康，因為它們是「創意的養份」，所以李家同教授曾推薦了一些
好書。李家同教授發現許多大學生缺乏國際基本知識，例如問他
誰是阿拉法特？沒有幾個人知道阿拉法特是誰！有人說阿拉法特
是法國軍艦；戴高樂是一種積木；德蕾莎修女是新竹某修女；米
蓋朗基羅是忍者龜！諸如種種。許多時候，我們發現我們高談
「國際化」，可是卻對國際事務不了解，包括「京都議定書」。
國外有百分之九十的人，知道什麼是「京都議定書」？而臺灣，

大概只有百分之四十的人知道。

再談到創意思考的特質。創意應該講求內涵，創意並不等於逗趣，但是創意可以跟逗趣結合是沒有問題的。因此創意應該以知識為基礎。那麼，創意的殺手是什麼？創意的殺手當然是「負面的思考」。

早期臺新銀行的玫瑰卡打出的廣告叫「認真的女人最美麗」，這個廣告切中女生的心。坦白講，傳統的人都認為女人的美麗來自她的外表。然而，外表只不過是她美麗的百分之一而已！這個廣告認為女人的美麗，百分之九十九來自這個女人的認真態度。所以這個廣告一出來，擄獲了很多女人的心，另外「達美樂」打了沒？28825252，越唸肚子就越餓，就是「我餓我餓」（5252），這些都是有經過創意研究設計的。

以下要談有趣「創意思考」的方式，由中正大學曾光華教授所提供。這是一個手機的「創意思考」：

> 某酷男騎一酷斃了的摩托車，在一條無盡的道路上奔馳。路兩邊是漫漫黃沙。突然，摩托車拋錨了。怎麼辦？酷男掏出「摩拖羅拉」手機求救。一會兒，只見地平線方向緩緩行來一輛騾車，一老農徐徐協助酷男將摩拖車抬上騾車後，揚起鞭子向前走去，一言不發。底下打出一行結論的文字：「摩拖再好，也要騾拉！摩拖羅拉隨時隨地傳信息。」

把摩拖羅拉分成二半理解：摩拖+騾拉，在語言裡，把任何一個字分開，都有「創意」。接著有關手機的創意廣告如下：

　　車行至一村口，一群家禽攔在路中。酷男下車驅趕，雞鴨就是不走！無奈之下，只得將一隻隻的雞鴨挪到路邊。老農感歎：「即使摩托可以騾拉，到頭來還要是『挪雞鴨』！」NOKIA，雞鴨始終要由人來挪。NOKIA科技以人爲本！

　　之後還會有什麼？鼓勵同學消遣 BENQ 或是 LG，創意原本就不是那麼難！還可在歡笑中有創意。最近，在臺灣出現的一個「文字創意」是「他，馬的」。這個詞，就廣告行銷觀點來說，是個不錯的廣告。但是因存在政黨利益關係，於是有人的反應比較激烈。

　　有人說「大學生＝吃飯＋睡覺＋談戀愛」，「豬＝吃飯＋睡覺」。所以：「大學生＝豬＋談戀愛」。以上推出「大學生－談戀愛＝豬」，即大學生不談戀愛的都是豬！同理得出，豬只要談戀愛就可以變成大學生。這個例子在培養創意跟邏輯來回激盪的關係。

　　以下例子叫「有趣的計算」。如果你把 ABCD 到 Z 二十六個字母對照成 1～26，加加看，怎麼加會得到一百分？hard work（努力工作），已經不錯了！98 分：knowledge（知識）：96 分：love（愛情）：54 分：luck（運氣）：47 分。那麼，什麼可以活得圓滿呢？金錢嗎？money！72 分；領導力嗎？性嗎？都不是！什麼是 100 分？「態度」！「態度」是 100 分。改變「態度」比什麼都重要！「態度」一改變，後面海闊天空！這剛好是一個巧合，不過也正好說明「態度」是很重要！「態度」如果是比較負面的，那當然是沒有什麼「創意」可言，如果能夠「容忍」、「了解」、「欣賞」、「認同」將會更加有「創意」。

借調至聯合大學服務期間，曾把「創意」放到學校各層面裡。首先 2004 年的 8 月 1 日那一天，創意開始「動土」，當天聯合大學改成綜合大學，報紙標題是：「好消息，八月一號起臺灣重返聯合國」。「立大學」三個字在底下。這個也是二個字分開的創意案例，所以我們註冊了「聯合國立大學」，也註冊了「國立聯合大學」，當時，也做了一個「聯合國護照」，用蓮荷兩個字，也開始創造與蓮花與荷花的聯結。

好消息！
八月一日起，
台灣重返聯合國...

...立大學

聯大改制大學那一天

當然也開始收集「聯合國」的笑話，包括這一個笑話，特別與「聯合」有關：

聯合國秘書長詢問參加大會的各國兒童代表們一個問題：（團隊合作科技整合）

「對於其他國家糧食短缺的問題，請你談談自己的看法？」

非洲的小朋友聽完題目後不知道什麼叫做「糧食」；

歐洲的小朋友不知道什麼叫「短缺」；

亞洲的小朋友不知道什麼叫做「自己的看法」；

拉丁美洲的小朋友不知道什麼叫做「請」；

　　美國的小朋友，不知道什麼叫做「其他國家」！

　　以創意來改變教室：鄉鎮廳教室。本創意就是讓校園內有以鄉鎮爲名的教室，因爲苗栗有18個鄉鎮市，我們就整修了 18 間教室，掛上鄉鎮廳的名字，因此老師和同學會在「後龍廳」、「竹南廳」上課。而且校園又增加了18個地方文化館。

聯大鄉鎮廳教室

「鄉鎮廳教室」並不是掛個牌子就好了，而是有書法家把「苗栗頌」寫成匾額，掛在教室外面，所以教室外面都有書法家的墨寶。

　　除此之外，我們結合「國文」與家書。大一有「國文課」，既然是必修，我們就每學期要求學生寫幾封信回家，當成是作業，老師改完之後再寄回去。好多家長紛紛打電話到校長室來道謝，表示這是他們第一次收到他們的信。說眞的，有了電腦後，誰寫信？如果小孩缺錢也不會寫信來說：父母大人膝下，兒缺盤纏五百兩，只要打個電話，錢就來了！以致很多人沒有寫信的經驗。

　　當很多學校都做「last mile」計畫時，聯大實施了英文的「First mile and Smile」計劃。學生考到「聯合」來，我們去看他的成績單，英文低於二十分的，我們就打電話給他的家長，告訴他們，這樣子唸原文書恐怕很辛苦。暑假還沒報到時，我們請來老師，免費爲他的子弟補習，讓他不用再怕英文。結果到最後，

這一群人全變成最支持學校的人,他們不但百分之百的報到,而且,後來相關活動都是他們在主動參與。

也推動「多元導師」,除了有「班級導師」、「雙導師」外,基本上,我們還規劃「討論導師」、「發明導師」、「護照導師」、「宿舍導師」及「閱讀導師」等。例如學校有必修的「創意與發明講座」,單週請發明家來演講,現身說法。再邀請各系專業老師來擔任「發明導師」,一起來聽演講,第二週發明導師把同學帶回教室,討論上一週演講的問題,並配合本校「駐校發明家」制度,期末成果以學習家族的「聯合創意與發明」為主,邀請創投公司來校「選秀」。另一科校主軸通識:聯合講座設「討論導師」,單週邀請各界指標人物或校內外學者演講,雙週由討論導師帶動討論,亦配合本校「駐校生活家」制度辦理。所以,就讓很多老師開始了解並支持「通識教育」。如果你不這樣做,一般老師通常不會來聽演講。但是你給他一個學分,鼓勵老師聽演講,裡面就有很多人改變了。宿舍導師:男女生宿舍挑選老師擔任之,由宿舍開始從事生活輔導與師生共學(to collegiate),找回學院精神。

生活禮儀課程,也是全校必修。這個其實不是教育,而是我們看到的「稀有元素」:臺灣人不缺「教育」,缺「教養」。教養在一般的教育過程裡,已經被丟在一邊了。可是如果沒有「教養」,會影響到他的前途。例如很多同學跟老師一起共乘外出,都坐後面,他把老師當成計程車司機,他自己都不知道。可是大學是允許犯錯的地方,教他一次,他就會了。如果你不教他,他出了社會,有一天跟董事長出去開會時,董事長說我開車,結果同學說:董事長我坐後面就好了。那第二天同學就失業了。原來坐錯位子會丟掉工作,這個攸關「教養」。

　　「山海課程」是全校指定「登山日」，一起放假一天去爬山，包括畢業典禮在山上。游完二十五公尺是畢業要求，為此興建游泳館。

　　「學習護照」也是全校「必修」，利用週末提供交通與導覽，引導同學們去看博物館、文化館，讓他們「自我博物館化」。上下學期各一學分，每一學分至少一本學習護照。提供學習護照作為導師與導生之共同成長機制。同學 4 到 6 人組成學習家族，培養團隊合作與科際整合。學習簽證適用範圍以校內學習點（各小小博物館、蓮荷藝術季活動等）為起點，擴大至苗栗百學習點、各縣市學習點與國外學習點。評分作業可包括：學習簽證檢視與心得報告、家族 project。學習護照為自發性課程，以信任為基礎，如發現違反信任原則，以作弊論處。

　　特別的是與「在地脈絡」的結合，酒甕也成為創意校園很重要的一個角色。因為，臺灣酒廠百分之九十五的酒甕都是苗栗公館生產的，因為許多個酒廠陸續關閉，我們搶救了一萬二千多個酒甕回來，然後把酒甕當作是校園文化，所以有了酒甕節、酒甕電影院、酒甕的星光大道、酒甕校杯、酒甕賀年卡、酒甕畢業典禮等。

　　接著是「地板音樂會」，或稱為「席地音樂會」，是一個發揮同儕的力量的例子。初到聯大時，看到一架鋼琴在角落，就去查了一下，居然是一架二百二十萬元的史坦威演奏鋼琴！調音之後把它擺在藝文中心，開放給同學練習。因為很多同學以前都學過鋼琴，因為升學中斷了號稱「音樂中輟生」。所以同學就開始來練習，到最後，竟然有八十七位同學來彈鋼琴，比任何一個大學都多。鋼琴王子陳冠宇有一天受邀來校演出，表演鋼琴就在戶外。他彈到最後問說：有沒有人要跟他聯彈？他一講，排了

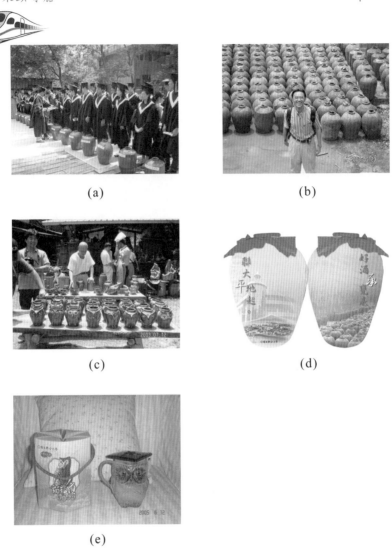

(a) 酒甕畢業典禮。(b) 搶救的酒甕。(c) 駐校陶藝家與貓頭鷹酒甕。(d) 酒甕賀年卡。(e) 聯大大學杯:貓頭鷹+酒甕+學生帽。(以上照片由作者攝影與提供)

十五個人。他本來只是隨便問問而已!他嚇了一跳說,你們沒有音樂系,怎麼會有這麼多人會彈琴?因為,我們有這架鋼琴!那

些同學，後來就變得很有自信，自己在藝文中心安排節目給同學聽，同學們就坐在地上聽他們彈。後來鋼琴王子陳冠宇還特別在聯大為苗栗舉辦的新年音樂會中共襄盛舉。

此外，所有學校裡的規劃都變成了比賽，讓同學們提供「創意」。各種「創意」比賽都有獎盃、都有獎牌，幫同學們累積「創意資本」。未來同學們到外面去工作，可以利用。

接著為「聯合沙發組」，為了突顯「聯合精神」，七張椅子都不一樣。我們鼓勵同學到這裡討論。另外一項最特別的是，我們鼓勵不同系的同學在一起吃飯、聊天，只要四個不同系同學，每個星期有一天，預約到吃飯，學校就補助一半。〔註1〕

如前述，整修了十八間教室使其成為「鄉鎮廳教室」，因此剩下很多舊椅子。我們就把它們拿出來，當比賽的材料，題目叫做「聯合動物園」，讓同學用椅子創造出很多動物。比賽後，再把動物椅子送給相關的中小學，就變成他們的環境裝置藝術。

更為了推動「聯合團隊」，有所謂的「聯合校動」，也就是二十人二十一腳，以班級為單位，並且已成為校運會的特色運動項目。

最後論及校園文化與潛在課程，許多學校在情人節都有節日，例如「西瓜節」等。聯大創造了「紅柿節」。一來因為紅柿是苗栗公館的特產，二來因為糯米飯團也是是客家的料理。所以到了「紅柿節」，男生就拿了一個盤子，上面裝了紅柿跟一個糯米糰給心儀的女生，女生只要拿了紅柿，就是代表 YES！拿了糯米糰就是代表 NO！用 YES 跟 NO 把在地的紅柿跟糯米做了一個聯結，也累積故事與大學回憶。

為落實大學的「聯合」精神，提供科際整合的校園文化與

註1 按學校有一家很棒的景觀餐廳，消費額較貴。

多元智慧，特別推動「駐校生活家」制度。

例如「駐校運動家」紀政小姐，推動「健走」，加入「百萬俱樂部」，提供計步器，每學期計算頒獎。

「駐校陶藝家」林添福先生，由竹南蛇窯號召藝術家為我們做了很多貓頭鷹的酒甕。每個酒甕都不一樣，底下都有編號，我們每一年做五十個，成為可以典藏的產品。第二年我們就做了假面酒甕。

各種場合，由「駐校一人樂隊」演出表達歡迎之意，例如畢業典禮入場。有二個貨櫃就是學校的「行動博物館」，裡面放了各個發明展得到的金牌、銀牌的創意發明，曾到三十七個學校去展示。

我們邀請黃友棣先生為駐校音樂家，當時他高齡九十二歲了，還幫桐花季作「桐花之歌」與新校歌。

在校內推動「校園博物館化」，包括「校盃博物館」、「學習護照博物館」、「貓頭鷹的酒甕小小博物館」、「面具小小博物館」、「客家文物小小博物館」之類，我們希望學校裡有許多「小小博物館」。

參加瑞士世界發明展

「駐校發明家」他們到校跟同學現身說法，發現發明家常常失敗在生命周期的後面而不是在前面的「創意」。他們都很有 idea，但是大部份人都沒有實驗室，來測試發明物的功能；也沒有藝術家幫他做造型；沒有律師幫他負責「專利」；更沒有企業幫他廣告行銷。所以，許多「發明家」都失敗在後面。因此，曾在清大宜蘭園區提案設立一個「國家創意與發明中心」，作為平臺，希望「發明家」在前面把 idea 轉給我們，我們評估認可

後，會有一組人員幫他完成後續的相關業務。這樣一來就會有很多人可以創業。只要有人創業，我們就有好東西可以「賣臺」。

「創意」要無所不在！所以，聯合大學利用「生命關卡」的儀式來展示創意。開學的時候，新生要通過「登山仗」，代表他們入學；他們要用客家的扁擔挑書，代表努力向學；之後還要「奉茶拜師」；最後，他們要寫願景卡放到酒甕裡埋起來，等到大四畢業時再打開。

大四開起來之後，再埋一個「畢業酒甕」，一班一個，再封起來。畢業十年後，回母校來開甕，我們稱之為「時間膠囊」。所以，第一年是2003 年，十年後是2013 年，聽起來像

「愛你一生」；隔一年2014 年，很像「愛你一世」；2015 小聲一點唸是「愛你一個下午」！不管怎樣，十年後他們都要回到同一個地方來開甕，共享大學回憶。

我記得第一年發生 SARS 疫情，沒有舉辦畢業典禮，所以他們寫了很多抱怨的話在口罩上。十年後，再回來開甕看，一定十分有意思！最後的程序是封甕、轉甕祈福等等。轉甕祈福來自西藏轉經的觀念，把甕倒過來轉，轉了之後就畢業，這是大學最後一個「生命關卡」。通過它，同學們好酒沉甕底，重新做人！這個創意畢業典禮之後，發現很多婚紗禮服也進來轉，轉得很開心。我告訴他們，可以先跟我講他們的名字，讓我們老師，把他

們的名字做成一首詩,放在上面讓新人們轉。

創意結合新SCI(Social Contribution Index)一樣在清大校園發散,從正式課程、潛在課程到校園文化,創意與公益常常相遇,例如在課程中實施筷子點名,認筷不認人,企圖養成同學一輩子攜帶有自己生命故事筷子的習慣,開始對地球有貢獻,接著再以筷子為校園音樂會的入場券,進而全部觀眾再成為與樂團一起演出的筷子打擊樂團。進行「有感的」生命田野作業,讓同學回家找老照片,並訪問家人,以口述歷史的方法來書寫自己的生命故事,再加上一封家書,貼上郵票,帶隊到郵局寄回家。

「跨界與探索」逐夢課程更讓創意加入公益夢想,例如邀請教科書作者回國中教室、一日原住民清華人、音樂中輟生音樂會、幫新竹市動物園的動物製作玩具或庇護所,改善動物們的生活品質。後者更因此吸引珍古德博士的注意,前來新竹動物園展開人類動物園與動物大遊行的活動。

登上頭版的一日原住民清華人活動

全國首創的音樂中輟生音樂會

改善動物們的生活品質

珍古德博士與人類動物園

　　校園文化一樣需要故事與創意，例如人社院鐘樓跨年活動，歷經十年的操作，終於成為學生會主辦的一項年跨年盛事，排隊等候上鐘樓，在號稱新竹101的最高點上用大聲公喊出新年新願望，甚至已成為某些系所的同學會時間與地點。

　　慶祝清華百年校慶時，更以「清華一百回一百清華」的創意，邀請名字為清華的人到清大綠市集聚會，使用同名網絡，成立另類的清華之友會。

清華百歲校慶系列活動

歡迎100清華回清華100

國立清華大學 1911-1956-2011 NTHU ANNIVERSARY 清華名人會

合辦單位：清華學院、清大秘書室、校友服務中心

最後要做一個結論，那就是：我們的「創意」是建構在一種「人生學分」上，就如同海明威講的「行動饗宴」（Moveable Feast）一般。海明威說：

> 如果你一生中曾經到過巴黎，如此的經驗就像是一生中如影隨行的盛宴。

意思就是說，去過巴黎的人就知道，巴黎不止是賽納河有動人的故事，賽納河上面的十幾座橋，也都有故事。附近有很多的博物館、美術館就更不用說了！還有全世界最老的餐廳、古老的大學、聖母院等，還有海明威最喜歡的「莎士比亞書店」，你去了一次還不夠，還要一次又一次的去，因為它變成了一輩子的饗宴！巴黎是第一個開放墓園賣票參觀的，也可以變成觀光產業，怪不得有很多名人，立志要死在巴黎。所以，我們希望臺灣的大學與城鄉因為有創意而可以取代巴黎，讓它變成終生的饗宴！

參考文獻

王俊秀

2003 「校園文化在臺灣：通識視窗與潛在課程」，**學生事務**，41(4):
17-30

2006 「定位爲創意型大學的論述與實務：聯合大學的經驗」，**通識
教育季刊**，12(2)：27-50

2009 「創意校園與校園創意：大家一起來賣臺」(44-76)，於多元、
創意、設計人，臺北：田園文化城市出版社　978-986- 7009-
49-4

2012 「宿學與共學：清華學院的化學實驗」，**通試識教育新典範**，
政大出版社

「經驗誠可貴，理論價更高」，因為「經驗＝有限個實例」，而「理論＝無限個實例」。

18 理論＝無限個實例

桑慧敏

摘要

　　許多大學生都偏好選修「應用」的課程，而對所謂「理論」的課程敬而遠之。原因是學生們認為理論太難。在第一堂課，我問學生：「理論是什麼？」綜合所有學生的回答：「理論是抽象的符號」、「理論是複雜的公式」、「理論是不實際的東西」。 這些說詞只說明了理論給人的表面印象是生硬的，卻沒有說出理論的精髓，更沒說出理論的價值。我的說法是「理論＝無限個實例」。理論就像一把萬能鑰匙，能開啟無數個真理與真相之門。到學校求學卻不學理論，猶如入寶山卻空手而回。

前言

　　我從高中起就對「機率」課程著迷，後來的博士論文與研究也都與機率議題有關， 所以「機率學」可以說是我的最愛。然而在我的教學經驗中發現「機率與統計學」是許多學生懼怕的課程之一。對於機率與統計課程，我在清華大學已任教大學部21 年，以及碩士在職專班 7 年。我將這些年來學生對此課程的反應整合敘述如下。在第一堂課中，幾乎所有學生都如此表白：「若不是被強迫必修，絕不會加選這門課程。」學生一致的解釋都為：「機率與統計學太理論，而理論太難。」學生們起初對此課程的期望都是：「多教些應用，少教些理論。」學期末學生都認同了「經驗誠可貴，理論價更高。」本文以下的段落就是分享為何學生對「理論」的認知有這麼大的改變。

　　機率學是大學「理、工、商」三個學院內許多科系的必修課程。原因是機率學是許多課程的先修（基礎）課程，如電機系的通訊課程；工業工程系的品管課程等。雖然機率課程很重要，

但我相信比機率課程更重要的課題是：「化解學生對機率課程（甚至對所有理論課程）的恐懼，進而對理論課程產生興趣，甚至熱愛。」

當學生聽到我說「理論＝無限個實例」時，眼中總先出現一絲不解與不信。當我解釋如何用例子以外的語言（精簡的符號、公式、或圖形）來代表理論，然後再用該理論解決所有與其相關，但表面上看來卻是不同的實例時，學生們最終都表現出驚喜與興趣。

興趣是最好的啟蒙老師

我曾問初學整數的小兒子「小於100的最大整數是多少？」，兒子一頭霧水。再問「給你一個紅包，裡面的錢多少由你決定，但不能多於 100 元，你要多少錢？」，兒子不假思索的說「99 元」。此紅包例子說明「以例子方式學習」能讓初學者很快的上手，而「以理論方式學習」就需要引導。因為「興趣是最好的啟蒙老師」，所以在引導進入理論之前，最能引發學習興趣的方式就是「先以有趣的例子開始」。

為了說明「理論＝無限個實例」可應用到機率以外的生活課題，本文先以學習英文重音與跳倫巴舞兩個課題開始，說明「以理論為主，實例為輔」的學習方式比純粹「以例子方式學習」的方式更能掌握該課題之要領。

英文重音：以音樂中的音符高低來區分英文重音與非重音

你是如何學唸英文重音？你認為重音所在的音節就該唸大

聲些？我認爲「以聲音大小來區分英文重音與非重音」不夠明確，而建議「以音樂中的音符高低來區分英文重音與非重音」。首先，可以選擇任意兩音符，只要一高一低即可。我在此任意選擇 Mi 與 Do（Mi 比 Do 的音符高）。接著，「重音之音節」要唸成高音符（如Mi），而「非重音之音節」要唸成低音符（如 Do）。圖18-1爲英文重音示意圖，以三個英文字爲例：(a)`beautiful，重音在第1音階；(b) to`gether，重音在第 2 音階；(c) atta`che，重音在第 3 音階。我相信使用以圖 18-1 代表學習英文重音之理論，比「只跟著唸（也就是，以例子方式學習）」更能掌握英文重音之要領。

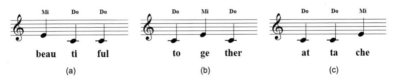

圖18-1　英文字(a) `beautiful, (b) to`gether, 與 (c) atta`che之重音示意圖

倫巴舞步理論：身體重心的移動與移動的軌跡

你是如何學跳倫巴舞步？在舞蹈老師的示範中，你是專注於舞蹈老師的腰、臀、或腿呢？我認爲倫巴舞步的精神在「身體重心的移動與移動的軌跡」。圖 18-2 爲 3 種身體重心的移動方式，其中只有圖 18-2(a) 是倫巴舞步，其重心移動的軌跡是連續、平滑、橢圓且優雅的。身體其他部位，如頭與手只要隨著重心自然擺動就好，不必刻意做作。圖 18-2(b) 只能說是搖臀舞，

而非標準倫巴舞步，因爲身體重心移動的軌跡是尖銳的左右搖臀。圖 18-2(c) 只能說走步，而非舞步，因爲身體重心的移動是間斷不連續的。我相信使用以圖 18-2(a) 代表學跳倫巴之理論，比「只跟著跳（也就是，以例子方式學習）」更能掌握倫巴舞步之要領。

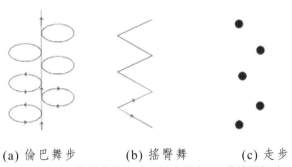

(a) 倫巴舞步　　　　(b) 搖臀舞　　　　(c) 走步

圖 18-2　三種身體重心的移動的方式，其中只有 (a) 是倫巴舞步

機率課題：從直覺上常有的迷思談起

本節是我第一堂機率與統計課程的內容縮影（參考來源：桑慧敏書第一章緒論）。緒論是寫給所有喜歡邏輯思考的讀者，包括中學生。以下 10 個例子說明直覺上常有的迷思。

誤會「樣本」就是「母群體」

例一：民意調查。 網路上一則新聞。蓋洛普（國內最大的民意調查公司）以大臺北地區爲抽樣母群體調查「臺視，中視，華視三臺電視綜藝節目之國內收視率」。你如何看待此新聞？

回答：此報導不妥之處爲僅以「大臺北」地區收視調查結果代

表「國內」收視率。

例二：電話簿抽樣。91 年 12 月 4 日中國時報一則新聞。 在國內選舉期間， 你在媒體常看到這麼一段話：「本調查樣本爲 1067 人，使用電話簿抽樣，有效樣本數占百分之九十五，在百分之九十五的信賴區間下， 誤差爲百分之三」。 你如何看待此新聞？

回答：電話簿裡並沒有列出所有具投票權人的電話， 且受訪者也不一定會去投票， 所以此 1067 人（樣本）未必能代表所有具投票權的人（母群體）。

只關注「平均值」，而忽略「變異程度」

例三：住戶收入。 廣告商宣稱「A 區住戶平均收入比 B 區住戶平均收入高很多」，你心中第一個念頭是什麼？是不是認爲 A 區住戶比較有錢？

說明：事實是除了一個大富翁外，A 區其他住戶收入都比 B 區所有住戶收入低。也就是，A 區住戶收入變異程度高，而 B 區住戶收入變異程度低。

例四：學歷資料。 某公司宣稱該公司員工百分之五十是博士，你心中第一個念頭是什麼？是不是認爲該公司員工學歷高？

說明：事實是該公司只有兩位員工，一個是創辦人王博士，另一個是文盲。如果你看到這樣的報導， 你是否會知道當資料不全時，不應立刻下任何定論。

過於關注「短期事件」，而忽略「長期事件」

例五：「押小押大」（骰子出現 1、2、3 爲小，出現 4、5、6 爲大）遊戲。你是不是認爲在已連續出現許多次「小」，

下一次應該要出現「大」，所以你押「大」呢？

說明：如果是一個公正的骰子，而且每次擲骰子方法相同，則不管出現多少次小，下一次出現小或大的機率相等。

例六：樂透（42 個數字選 6 個）。 你是不是認為不該簽有「特別組合」的數，例如 1、2、3、4、5、6（連續的數），因為你認為這組數出現的機率太小？

說明：在短期內確實不容易看到這種特別組合，但在長期這些特別組合的數出現的機率並不比任何其他一種組合出現的機率小。事實上任何一種 6 個數的組合出現的機率都一樣小，大約是五百萬分之一（正確機率值是 1/5245786）。中獎純粹是運氣，所以任何人包括統計學家也無法正確預測出中獎號碼。

高估「眼前資料」或低估「背景資料」的影響

例七：患病問題。某地四十歲以上患脂肪肝的人佔 0.1。 誤診機率為 0.2。（誤診率為 0.2 指的是偽陽性的機率為 0.2，且偽陰性的機率為 0.2。）假如你完全不知道某位病人的情況，只曉得檢驗結果是陽性（有病），那麼他確實得病的機率有多少？

回答：正確的機率答案約 0.3。（你是否以為得病的機率應該是 0.8 ？或應該大於 0.3 ？）檢驗出有病的消息如雷貫耳，是所謂「眼前的資料」。患脂肪肝的人佔 0.1，表示一般人得該病的機率小，是所謂「背景資料」。一般人都是高估眼前資料或低估背景資料的影響，所以以後如果有朋友被檢驗出患有某稀有疾病，告訴他不必太早驚慌。

例八：分獎金。帥安與聖平兩個實力相當的桌球選手比賽桌球，誰先拿到 21 分就可得獎金一萬元。比賽到中場時發生地震必須停止比賽，此時帥安拿到 18 分，聖平拿到 20 分。如何公平的分獎金？

回答：以 1：7 的比例分獎金。說明：圖 18-3 中列出再繼續三球的所有可能情形，一共 8 種。（水平軸中第一球、第二球與第三球表示再繼續一、二或三球，圖中每一個線段後為「平」表示聖平贏得該球；「安」表示帥安贏得該球。）8 種情況中只有 1 種情況是「帥安連贏三場」，帥安才能得獎金一萬元，其餘 7 種都是聖平能得獎金一萬元。讀者若以圖 18-3 思維來解本問題，一定不覺得困難。歷史背景顯示本問題由 Pacioli（1494）提出後，經過了 150 多年以後才得解（Huygens，1657），是一個相當困難的數學問題。詳細解答見桑慧敏（2007），範例 2.14。

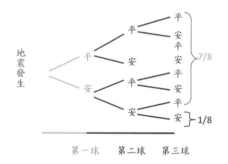

圖18-3　桌球比賽若再繼續三球的可能情形樹狀圖

幾番曲折後，忘記「起初的設定」

例九：換門問題（Monty Hall Problem; Monty Hall 是一個綜藝節

目主持人的名字）。假如你參加一個綜藝節目之遊戲，有三個門讓你選，三個門中只有一個門後有大獎，其他兩個門後沒有獎。你選定後，主持人打開其中一個你沒選中也沒有獎的門。現在再讓你作一次選擇，你可以選擇換門或不換門。你要選擇換門嗎？

說明：圖 18-4 列出「換門」策略下中獎的所有情形，其中左列為大獎的位置，上列為原本你猜測獎的位置，所以總共為 9 種情形。若採取換門策略，則 9 種情形中會有 6 種情形得獎，所以換門得獎的機率是 6/9 = 2/3，而不換門得獎的機率是 1/3。詳細解答見桑慧敏（2007），範例 2.15 與 2.26。

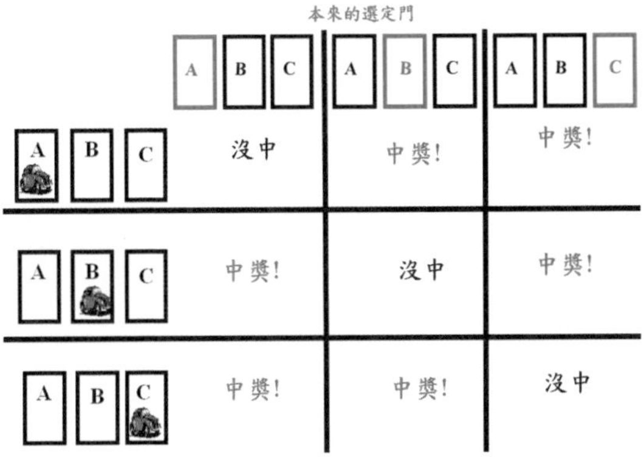

圖18-4　Monty Hall 猜獎遊戲採「換門」策略的中獎情形

例十：紅包問題。這兒有兩個紅包袋讓你選擇，其中一個紅包袋裝的錢是另一個紅包袋的兩倍，假如你選擇了其中一個紅包袋，打開後發現內有 100 元，你要不要換紅包？

說明：換不換都一樣。本例中「起初的設定」是只有兩個紅包，但錯誤的直覺反應卻用 3 個紅包（分別有 100、50 與

200 元）進行分析。所謂用 3 個紅包進行分析是把原始問題改變成以下問題：(1)選擇保留 100 元，或 (2) 選擇從另外一個 50 元跟一個 200 元的紅包中抽一個。詳細解答見桑慧敏（2007），範例 6.23。

機率理論：三公設

所謂公設就是無須證明的敘述。機率三公設是機率論的基礎，所有的機率定理都是由此機率三公設衍生而來。如此簡單的三公設能衍生所有複雜的機率定理。當然也可解決上述提到的 10 個機率直覺上的迷思，真是不可思議。

首先，定義機率（Probability）是一個函數，以符號 P 表示。此機率函數之輸入值（input）是「事件」，輸出值（output）是一個介於 0 與 1 的實數。接著，定義機率三公設如下：

公設 1：P(S)=1：表示「確定性事件發生的機率為 1」，其中，S 表示一個確定性的事件。

公設 2：0 <=P(E)<= 1：表示「任何一個事件的機率介於 0 與 1 之間」，其中令 E 表示任何一個事件。

公設 3：P(E1 U E2) = P(E1) + P(E2)：表示「對於兩個互斥事件聯集的機率為兩事件個別機率的和」，其中令 E1 與 E2 表示任意兩個沒有交集的事件。

讓理論可口好消化

我常想有創意的廚師可藉高明的烹調技術將生硬的食物轉成入口即化的美食。我是否也能藉著創意讓表面生硬的「理論」變得可口又好消化呢？用圖型、曲調、或詩歌來詮釋理論應該是

個好主意。在此，我做三個示範。

創意 1：封面設計

　　桑慧敏（2007）之封面設計（見圖18-5）。第一層想表達「一葉知秋」的意境，其中「一葉」代表「樣本」（sample），「秋」代表「母群體」（population）。推論統計原理正是以樣本推論母群體的科學。封面設計更深層的涵義要藉著「一葉知秋」向讀者傳達「詩中有數，數中有詩」的訊息，因為「一葉知秋」既有詩情又有數意（統計為應用數學）。但願封面設計的兩層涵義對入門機率與推論統計的讀者有所啓發。

圖18-5　桑慧敏書封面：想表達「一葉知秋」的意境

創意 2：頁眉設計

　　桑慧敏（2007）中每一頁之頁眉設計（見圖18-6）。頁眉是表達母群體、樣本、機率，與推論統計問題的關係。其中大圈代表母群體（population）、小圈代表樣本（sample），箭頭的方向代表機率或統計問題。從大圈到小圈的上箭頭是機率，反之是統計。例如，圖 18-6(a) 是 12 頁，第一章同時講到機率與統計課題。圖 18-6(b) 是 218 頁，第五章是機率課題。箭頭的用處在於不斷的提醒讀者某章是探討機率問題或推論統計問題。趣味之處在於圖 18-6 是從側面看圖 18-7。（圖 18-6 與圖 18-7 是相同的圖，只是圖 18-6 是側面，圖 18-7 是正面）

(a) 第1章，第12頁　　　　　　　　(b) 第5章，第218頁

圖18-6　母群體、樣本、機率，與推論統計問題的關係（側面）

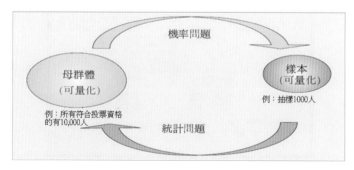

圖18-7　母群體、樣本、機率，與推論統計問題的關係（正面）

創意 3：以歌曲方式表達

在此文中，我舉兩個例子。我將桑慧敏（2007）中第 2 章與第 3 章（各有 50 頁內容）之重點以歌曲方式表達如下。第一首是釵頭鳳調，因為有多種唱法，在此不附樂譜。第二首是三輪車調，附樂譜，見圖 18-8。相關的作業之一就是熟讀第 2 章與第 3 章的內容，然後修改歌詞，以能闡釋該章核心精神為評分標準。學生們熟讀書中內容後,再比對歌詞涵意,都同意更能掌握該章的精神。

第 2 章　機率基本概念（釵頭鳳調）

分賭金，算機率，一點五個世紀難題；

集合論，樣本點，機率問題從這說起；

謎！謎！謎！

三公設，八定理，機率大樓平地起；

事件啊，機率啊，量子力學上帝奧秘；

喜！喜！喜！

圖18-8　第 3 章一元隨機變數基本概念（三輪車調）

不是我把你變聰明，只是把原來聰明的你找回來了！

在一學期機率課談唱中，不知不覺，學生害怕的「機率理論」變得和藹可親了。學期中我再問學生對此課程的期望， 很多學生都誠心的說：「請老師多教些理論」。學期結束時，許多學生對我說：「謝謝老師，讓我不只對機率學產生了興趣，也讓我對數學產生了興趣。謝謝老師把我變聰明了」。

我於 2004 年起在臺灣陸續進行了許多場的演講，演講題目是「從有趣的機率問題談起」。聽眾包括小學生，國中生，高中生，大學生，研究生和博士生；年紀從 10 歲的孩子與 70 歲的長者都有。我根據 1000 多份聽講者的回應，作出以下三點推論：

（一）原來人們很難從日常生活的經驗中學習到正確的機率直覺。原因是，不論年齡與學歷，這些大小朋友對「許多與機率相關的日常生活中的問題」的直覺並沒有兩樣。所以一套有邏輯與說故事的教法是必要的。

（二）原來人人都渴望學習，但只限於「愉快的學習」。

（三）原來人人都是聰明的（喜歡動腦的），因為長期填鴨式的學習，而失去了喜歡動腦的本能。只要藉著正確的教導與學習方式（如以「圖形」表達「理論 = 無限個實例」），再輔以實例，就可以把原來聰明的自己找回來。

致謝

感謝蘇英芳博士的讀後意見，江秀月同學的繪圖與羅貴強、陳偉誠、賴智明、吳宗翰及鄭為太同學的校稿。感謝 20 幾

年來所有修課同學的鼓勵與建議。特別感謝 13 級碩士在職專班全體同學，美麗的回憶包括：學期最後一堂課的期末報告之開心鬼臉合照（見相片一）與 2012 年的母親節卡片（見相片二）。

參考文獻

1. Pacioli,Fra Luca (1494), "Summa di Arithmetica, Geometria, Proportione et Proportionalita", Venezia, Italy, Reprinted in Oeuvres, Vol. 14 (1920) and in Bernoulli (1713).

2. Christiaan Huygens (1657), "De Ratiocinnis in Alea Ludo" in Exercitationum Mathematicarumn, Leiden, Netherlands: F. van Schooten, ex officina Johannis Elsevirii.

3. 桑慧敏（2007），機率與推論統計原理，美商 Mc Graw Hill 出版，高立圖書有限公司總經銷。

相片一：　鬼臉合照攝於 2012 年 6 月最後一堂課的期末報告（拿花的是桑老師）

相片二： 十三級碩士在職專班全體同學送給桑老師的母親節卡片

詩，不僅銘刻著我們的感受與思維，同時也回過頭來「提拔」生命，使人感到愉悅與安慰；讀詩，彷彿體驗了小規模的生死愛恨。感受到，不只是詩人個別的，而是人類普遍的情感樣態—這便是詩的力量。

19 愛與詩與死

談夐虹的幾首小詩

劉正忠

前言

「愛」和「死」是最激動人心的事，也是詩裡最常出現的兩大主題。因為有愛，我們追尋，從而逐漸品味生命的美好與豐盈。因為有死，我們珍惜，並在恐慌之中取得悲憫的能力。當然，在這兩端之間，還有些別的：譬如恨，譬如病，但這些感受或經驗，經常是在愛與死的參照下，才能顯示出意義。

動人的主題，通過美好的語言而實現，那便是詩了。詩的語言，運用突出的「意象」與「聲響」，去再現生命中的種種經驗。詩，不僅銘刻著我們的感受與思維，同時也回過頭來「提拔」生命，使我們感到愉悅與安慰，無論裡面所寫的，是多麼不堪的經驗。儘管寫愛或寫死，寫恨或寫病，好的詩總是散發著生命的能量。

敻虹（1940—）早期的詩，熱烈而清麗；後期的詩，則恬靜、淡定而充滿悲憫。三十五歲的時候（1975），她曾寫了一組小詩，分別為：〈生〉、〈死〉、〈淚〉、〈夢〉。無論從主題、形式或表現技巧來看，都很精采，風格則介乎前期與後期之間。我想在此細說一遍，著重分析一種「似淡實濃」的義蘊與美感。同時藉由此詩，闡明「愛與詩與死」的密切關聯。

⊙病後深知花爛漫

> 生
>
> 黃黃的一畦菜花在
>
> 紗簾外面搖動
>
> 陽光

> 騎單車的小孩
>
> 一點也未覺生的可喜
>
> 除非重重的
>
> 病後

　　前面兩行，製造出金黃燦爛的景象（同時也帶出「由內向外看」的視角），句末繫以「搖動」二字，更使得整個畫面產生一種「持續著」的動態感。接下來，「陽光」二字獨立成一行，既沒有任何的修飾語，也沒有連接於相關的名詞與動詞，卻有凸顯自身的效果。無論說成「在陽光的照耀下」或「沉浸在陽光裡」，都顯得費辭。名詞孤懸，不受語法羈絆，還有個好處—它可以逆推回來，為前兩行所用，形成「茱花－搖動－陽光」的畫面；又可以順推下去，為後一行所用，形成「小孩－在陽光裡－騎單車」的畫面。

　　「小孩」在「茱花」前、「陽光」下活動，他既是風景的一部份（被觀看者），也應該是風景的享用者。詩的前四行，構成極美好的畫面，本來順此發展，應當給出一種「生命的愉悅」。但詩人在此，卻違逆我們的期待，說出反向的結果。假使讀詩像開「捲軸」—事實上，讀詩宜緩，逐字逐行—讀到第五行，按住不動，我們將會感到疑惑，這便形成「懸宕」的效果。直到最後兩行，才揭曉詩意，使情思得到一種完足感。

　　如果只求簡潔，最後三行原本可以濃縮為一行，進行正面表述。但詩人運用負負得正的技巧，以「一點也未覺……除非……」的句型，進行了兩次小轉折，不僅製造出波瀾，也使意旨更趨深刻。事實上，這首小詩可以說是採用「病者本位」的視角，由內看向外看，重病之後，看著茱花、陽光、小孩、單車，

格外欣羨。窗內之情、窗外之景，形成有力的對比。

⊙行前頗覺意纏綿

> 　　　死
> 輕輕的拈起帽子
> 要走
> 許多話，只
> 說：
> 來世，我還要
> 和
> 你
> 結婚

　　題目叫〈死〉，第一行卻是「故作輕鬆」的一個動作，這是「舉重若輕」的寫法。當然，拈帽出門而去，獨自面對風霜，其實也隱含著悲哀（生者如在家屋，死者如上征途）。開頭即用「拈帽離開」來代替死亡的描述，含蓄而有韻致。接下來的文字，卻很直白。這首詩既模擬死前的心態與語調，生死之際，不多修飾，直白得很有道理。但我們還要進一步追問，為什麼這麼直白，居然還有詩意呢？這跟「文字的布置」很有關聯。所謂布置，是指藉由「分行斷句」的技術，控制視覺結構（繪畫性）與聲響結構（音樂性），使其精準地搭配意義結構，再現「感知過程」。

　　事實上，這首詩在語言上的一大特色，是沒什麼修飾詞—走就是走，沒用副詞加以修飾，話就是話，也沒用形容詞來修

222

飾。所以，情緒和氣氛，不是修飾出來的，而是表演出來的。「要走」，兩字短捷，忽然剎住，彷彿想到什麼。接下來的兩行是：「許多話，只／說：」，行前會有「許多話」，代表情多意濃，眷戀深深，這跟一開頭的「輕輕」二字形成對比。但千言萬語，一時難盡。詩人把「只－說」拆在兩行，生硬蹇澀，如鯁在喉，製造出吞吐之感。

接下來便是「千言萬語」所濃縮而成的一句話：「來世，我還要／和／你／結婚」。你可以說它極重大，因為許下了來世再度相守的願望，便是對現世情感的肯定；也可以說它很浮濫，通俗戲劇常常這樣演的。然而，這句話被布置成四行，每一個字和詞都被凸顯了。在語調上，同樣藉由分行斷句的技術，模擬了「氣若游絲」之際，說話「斷斷續續」的樣子。一大致說來，「來生，我還要」較急切，「和」、「你」則顯得艱難而鄭重，「結婚」則一往無悔，不容切斷。至此，愛完成了，死完成了，詩也完成了。

⊙人間愛恨同泉脈

> 淚
> 為著一叢叢
> 水芹菜一樣的哭
> 要彎繞好多的路啊
> 那煙水雲霧的
> 山深處
> 愛和傷害
> 同一個泉脈

　　前面一小段，讀來有些阻澀。因為第二行的「水芹菜一樣的哭」，做了比較強勢的聯結。事實上，經由譬喻，這裡疊合了兩個層次的意思，一層是：「為了（看）水芹，要繞好多的路啊」；另一層則是：「到達這樣的哭泣，可是經過許多的曲折啊」。水芹長在淺水中，或潮濕林木下，既是美味的野菜，又有藥效。詩人以此喻「哭」，虛實互轉，下筆頗為奇險，卻塑造極佳的畫面：水芹在水中款款搖擺，既美麗又悲哀，這是「哭」的具象化，似乎還帶著動態感。

　　野生的「水芹菜」，樸實自然，隱然象徵著清純的事物。它常萌發於乾淨、清幽、荒遠的地方—「那煙水雲霧的／山深處」，這個空間，具有神祕而深邃的氛圍。經歷曲折的山「路」，終於找到水芹，這時才發現：它常仰賴泉水的滋養。泉水在這裡，應即是淚的象徵。愛到深處是哭，而傷害的深處也是哭。原來，美好與悲哀，來自同一個源頭。人有愛染，遂有苦楚。正如李商隱詩所說的：「荷葉生時春恨生，荷葉枯時秋恨成；深知身在情長在，悵望江頭江水聲」。得到與失去，有時居然是「同時」發生的。

　　綜合看來，這首小詩展示了虛實交織的技巧：「哭、愛、傷害、淚」屬於「虛的」情意系統，「水芹、路、深山、泉脈」則屬「實的」物象系統。心靈的複雜性，有時是很難說的，但詩人在此把它「空間化」，使抽象的「詩情」落實下來。同時，「水芹菜」作為主意象，雖然簡單，卻耐人尋思。使我們在體悟之際，還能獲取一種美感。

⊙夢見詩中不敢言

> 夢
> 不敢入詩的
> 來入夢
> 夢是一條絲
> 穿梭那
> 不可能的
> 相逢

　　創作者經常會憂慮，能否把眼前的事物、意念、情感，精準地化作語言文字。但有時並非「能不能」的問題，而是它們「值不值得」被寫下來，是否具有詩意、美感或啟發人心的力量。還有一些時候，筆力「能夠」表達，內容也「值得」書寫，詩人居然裹足不前，不知是否該把這些事情形諸文字。

　　「不敢入詩的／來入夢」，這兩行詩極簡要，但卻充滿暗示性。其間大致隱含了「現實→詩→夢」的序列關係：後面一層是前面一層的提鍊或轉化。本來「夢」與「現實」之間，就有微妙的關係。現在以「詩」為中介結構，更加深了迷離的氛圍。詩是可寫的現實，夢則是不可說的現實。詩人在這裡，並沒有交待「夢」的內容，因而格外引人遐想。究竟什麼是詩所難寫，而夢所必到的呢？那顯然是既美好又悲哀的事物，因為種種顧忌，必須隱藏──根據後文的「相逢」一詞，我們可以猜想，夢的內容關乎某人，應該就是愛情。

「愛」激生了詩意，下筆時，竟有所抑勒。但夢，卻是難以自抑的，因而也就更無保留地呈現了心意。從這個角度來說，夢可以說是隱祕的詩。詩人在此，作了一個單純的譬隱：「夢是一條絲」，並由此延伸出喻解：「穿梭那／不可能的／相逢」。「絲」代表細微而幽祕的願望，同時也是「思」的諧音。思念縣縣，轉化爲夢，不絕如絲縷，可以暫時穿透阻礙、彌合缺憾，但也反襯出現實中「思而弗得」的感傷。

結語

詩的語言，既指涉外物，也凸顯自身的存在。我們讀詩，除了接收詩人傳達的訊息之外，不妨像聆聽音樂一般，撫觸每一個字詞的體溫。讀過敻虹的四首小詩，彷彿體驗了小規模的生死愛恨。感受到，不只是詩人個別的，而是人類普遍的情感樣態——這便是詩的力量。

小詩，在體制上，經常聚焦於一個意念，發揮相對較爲單純的意象，以求迅捷地擊發詩意。結構不必過於繁複，內容不必過於枝蔓。因爲篇幅有限，語言很快就跑完了，但意味居然可以不斷擴散開來。小詩雖小，有時卻能達到「尺幅千里」的效果，敻虹的詩，應是很好的範例。

夐虹老師近照

夐虹老師的詩集著作

經濟學只是跟錢有關的學問嗎？

「財經報導」或「金融行情」是一般人對經濟學的刻板印象，學習經濟學，不僅有助於了解經濟社會的運作方式，也能對社會議題提出更深刻的看法。即使未來不在金融、證券等相關行業就職，專業訓練出來的獨立思考習慣也會讓人受益無窮。

20 社會科學的皇后：經濟學

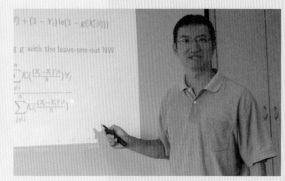

林 世 昌

　　在風景優美的福山植物園（宜蘭縣員山鄉）附近，有一個被譽為「國寶級濕地」的地方，叫雙連埤。雙連埤蘊藏了許多中低海拔珍貴的動植物，從來沒有出現過類似像眼鏡蛇這樣的毒蛇。有一天，卻忽然流竄出 70 餘條 100 多斤重的眼鏡蛇，嚇壞當地人。根據報導，這些原本不該出現在雙連埤的爬蟲應該是由某個宗教團體募集善款，向大盤商購買後帶往宜蘭深山野放的。〔註1〕讀者看到這樣的生態新聞報導出現在經濟學介紹的短文裡，一定會感到納悶：這跟經濟學有什麼關係呢？與經濟學有關的新聞不就是長輩們每天所關心的今天「道瓊工業指數」又下跌多少、「民生消費水準」或「物價」又上漲多少、大學畢業生「薪資」卻多年未曾調漲……等等，這些跟「錢」脫離不了關係的財經報導？那麼，究竟什麼是經濟學呢？經濟學包含哪些範疇呢？學了經濟學到底對我們有什麼好處呢？

經濟學的定義與範圍

　　「財經報導」或「金融行情」只是一般人對經濟學的最主要印象，也是一種刻板印象，是對經濟學這門學問沒有接觸與了解的狹隘認識。事實上，那些高低起伏的數字，確實是經濟學，但只是經濟學其中的一部份，而且是最表面的一部份。經濟學博

註1　野放活動本來是希望放生者透過放生的行為產生救贖感，喚起民眾對生命本質的反思，原本立意良好，但未經審慎評估的野放活動不僅可能對民眾造成傷害（如雙連埤的例子），更有可能對當地原有的生態環境造成巨大衝擊，因為有些外來種會直接取代原生種，使原生種瀕臨滅絕，另一方面，某些稀有外來種則因放到不適合其生存的環境，也會造成本身族群數量大幅減少，「放生」結果變成「放死」。而類似這樣的野放活動在臺灣其實相當常見，除了大批毒蛇的野放是特例之外，經常被野放的名單包括斑鳩、黑筆嘴、鱷魚、福壽螺、螯蝦、巴西島龜和綠蠵龜等。（野放活動距離一般民眾的日常生活可能有一點遙遠，近一點想，讀者可反省自己有沒有親手放生或棄養過家裡的寵物呢？）

大精深，理論推演與實務應用範圍很廣，大學四年所學往往還只是皮毛，要到研究所階段，才能對何謂經濟學產生比較深刻的認識（但因為經濟學是一般商科的基礎，且訓練紮實，只要不被提前二一出局，畢業所學也往往足夠應付轉行或就業所需）。話說回來，如果說，市井小民對經濟學的印象是停留在與他／她日常生活息息相關的股票看板上那些紅紅綠綠的數字，那麼學術界裡的人是怎麼定義自己所學的那門學問呢？大學教育作為「高等」教育（在此無歧視意含，只是用來區別中學以下教育），最主要的特徵之一就是專業用語與學術名詞特別多，讀者如果是高中生，現在就要作好心理準備，因為下面將開始出現一些日常生活較少使用的抽象術語，藉此讓我們進入經濟學家的視野，看看他／她們怎麼回答「經濟學是什麼」的這個問題。

首先，經濟學是一種科學，而且是一種社會科學。科學之所以有別於其他非科學（如藝術創作、觀看電視、宗教膜拜……等活動），其特徵在於，科學是一套觀察現象、提出假說、驗證假說、形成理論或預測的過程，理論或假說可以處於彼此競爭的地位，也可以被推翻。而科學又可大致分成自然科學與社會科學兩種：自然科學觀察的是自然現象，社會科學觀察的是社會現象，雖然觀察或關心的對象不同，使用的研究工具也不同，但整套程序大致上不脫離上面的模式。以自然科學為例，古人看到太陽東升西落（觀察現象），感覺天就是像一個圓球（提出假說A），但人在陸地上行走，皆感覺大地平坦遼闊，因此認為地是方的、有盡頭的（提出假說B），如果走到世界的邊緣就會掉下去（形成預測B）。後來畢達哥拉斯從海邊眺望遠處的船隻，注意到帆船向地平線駛去時，好像是下沉一般，若地球是平的，將不會有這種現象，假說B因此被推翻（但不能因此推論假說A

是對的）。之後麥哲倫向西不斷航行，最後又回到葡萄牙，才證明了地球其實是是圓的（驗證假說 A），這個地圓說的觀念也因此變成地球科學的基礎觀念，甚至變成不容推翻的基本常識。那麼經濟學是觀察（或關切、關心）人類的哪種社會現象，進而提出假說、驗證假說、形成理論或預測呢？你/妳當然可以回答：「經濟現象」；經濟學是觀察人類的經濟活動與現象，進而提出假說、驗證假說、形成理論或預測。但這樣等於是沒有回答，而且不符高等教育的宗旨。我們要的是更精緻的、更深入的、更確切的、更嚴格的、因此也更「學術性」的答案。（所以，專業用語要開始出現了！）

市面上經濟學的教科書汗牛充棟，對經濟學所下的標準定義是：「經濟學是在研究如何將有限的資源做最有效的運用，以滿足無窮的慾望」，這牽涉到「選擇」，因此，經濟學是一門「選擇的學問」，經濟學是在觀察人類的選擇行為，進而提出假說、驗證假說、形成理論或預測。而人是無時無刻、無處無地不在做選擇的（連你/妳今天晚餐要吃什麼？等會兒該不該掏錢買這本書？都是一種選擇），人的生活充滿選擇，無怪乎經濟學的創始人之一馬歇爾（Alfred Marshall, 1842–1924）說經濟學其實是一個研究人們日常生活事務的學門（Economics is a study of men as they live and move and think in the ordinary business of life）。

而選擇的基礎在「自利」（對自己有利），「人是自利的」，這是經濟學這門學問的基本假定（畢竟，誰在做選擇時會做對自己不利的選擇呢？有些表面上看似對自己不利的選擇，例如二次大戰時有名的日本神風特攻隊，依然是自利的產物，限於篇幅，在此不贅述，有興趣的讀者可參考經濟學教科書）。經濟

學以人是自利的假定為出發點，發現人們的選擇行為受制於環境誘因的影響，不同的誘因將導致不同的選擇行為表現，而誘因則歸因於制度的設計。在這樣的假定下（再加上其他諸如「市場」、「供給」、「需求」……等非常傳統而典型的經濟學基本概念），經濟學可以將它的研究觸角延伸至人類社會生活的各個面向，分析人類所有的選擇行為，舉凡：結婚、生育、教育、遺產贈與、犯罪、時間分配、歧視、公共決策、環境污染等等，只要涉及人們的選擇，都是經濟學的研究範圍，且均已有相當豐碩的研究成果。例如研究廠商如何進入／退出市場、對如何決定對外投資、委外生產，還有像產品及製程創新以及生產力等議題稱之為「產業經濟學」；勞動市場的薪資、就業、男女薪資歧視以及教育報酬是「勞動經濟學」關心的主題；「政治經濟學」探討的是政治制度與市場經濟的互動關係，如殖民國家、貪污程度與經濟發展的關連性；檢視健保體系消費、生產效率與醫療給付制度評估的是「健康經濟學」；「區域經濟學」研究都市、鄉村聚落的形成、都市空氣、水污染、交通和貧窮問題；研究最適資產定價、資本報酬、公司理財等稱之為「財務經濟學」；研究不同發展程度國家相關經濟議題、低度發展國家如何脫貧、所得分配不均如何產生等等，稱為「發展經濟學」；「國際金融」探究國家間的貨幣、總體經濟的連動性，特別是全球金融體系、貨幣體系、匯率等議題；「國際貿易」則探討跨國資本、商品和服務的流動、交換，哪些國家、產業將得到利益，薪資條件是否隨著商品貿易影響其他國家。其他諸如「法律經濟學」、「教育經濟學」、「生態經濟學」……等與不同學科結合所產生的研究領域，多到不可勝數，可謂是蓬勃發展，而所因此衍生出的研究議題也就包羅萬象、五花八門了。

經濟學分析例 1：該不該劫貧濟富，繼續補貼公立大學學生？

　　該不該調漲學費一直是很夯的議題，不僅學生、家長、學校、政府當局相當關注，一些民間社團、社運團體亦持續發聲，表達意見。這些聲音通常是傾向反對調漲學費，理由是維持低廉的學費可以讓窮人念得起大學，進而促進階級的流動。表面上看來言之成理，但仔細探究會發現低學費政策不見得符合公平正義，因為在臺灣，吸引民眾唸公立大學的誘因一直比私立學校高。不僅公立大學的排名遠超過私立大學，它的學費還僅為私立學校的五、六成左右而已，另外更享有有較優的師資、設備、及較多的政府補助（五年五百億的鉅額補貼補助的多是公立大學），這麼多的好康，難怪過去不管多少私立大學成立或升格，家長仍是以鼓勵孩子考上公立大學為目標。然而，多是怎樣的家庭出身的孩子考上公立大學呢？根據經濟學家的估計，家庭所得越高者，越有機會就讀相對物美價廉的公立大學；家庭的社經背景較差者多就讀於私立大學；最弱勢家庭的小孩則多只能就讀職校。[註2] 用全民所繳的稅款去補貼原本就已較富裕的家庭，在使用者付費的觀念下，這樣的補貼政策公平嗎？

經濟學分析例 2：亂世用重典，所以擄人勒贖一律判死刑？

　　經濟學裡有個「邊際」(marginal) 的概念，例如蹺課打一場電玩很過癮，接著打兩場還是很爽，但打到沒日沒夜、考試被當或甚至倒在網咖裡，那個很爽的感覺不但沒有，還會產生反效

註2 請參見駱明慶（2002）分析家庭背景與就讀臺灣大學的關連性研究。

果，這就是邊際效用變成負的了，這個「邊際的」概念也可用來分析法律上刑罰的訂定。[註3]我國刑法第 2 篇第 33 章規定恐嚇擄人勒贖罪的刑罰，其中第 347 條擄人勒贖罪規定：

> 意圖勒贖而擄人者，處死刑、無期徒刑或七年以上有期徒刑。因而致人於死者，處死刑、無期徒刑或十二年以上有期徒刑；致重傷者，處死刑、無期徒刑或十年以上有期徒刑。第一項之未遂犯罰之。預備犯第一項之罪者，處二年以下有期徒刑。犯第一項之罪，未經取贖而釋放被害人者，減輕其刑；取贖後而釋放被害人者，得減輕其刑。

而第 348 條擄人勒贖結合罪則闡明：「犯前條第一項之罪而故意殺人者，處死刑或無期徒刑。」因此，我們可知擄人勒贖罪因涉案程度而有不同的刑罰，輕至七年以下，重達死刑。再根據 1944 年頒佈的「懲治盜匪條例」第 2 條一級盜匪罪：「擄人勒贖罪不論綁架者是否撕票，一律處以死刑。」該條例屬於特別法，其效力凌駕於一般法（刑法）之上，因此，一旦犯了擄人勒贖罪，被抓到的後果就是死罪難逃。然而，此刑罰的訂定並未按照犯罪的輕重為之（或按照比例原則），亦即對於罪犯的「邊際嚇阻」不足，根據「懲治盜匪條例」，顯而易見的是無論涉案程度之不同，綁匪都有強烈的動機不留活口，造成被害人被撕票的可能性大增。所幸，經過各界的漫長討論，實施將近一甲子的「懲治盜匪條例」，終於在 2002 年 1 月 30 日走入歷史。

註3 更多法律經濟分析的例子請參見朱敬一與林全（2002）。

經濟學分析例 3：中學生該在何時開始補習，可以兼顧學習效果和父母荷包？

學生學習效果（在無法完美定義何謂學習效果的狀況下，暫且以考試成績來衡量）的良窳一直是社會大眾及政府當局關注的焦點，如何提升測驗成績更是大家關心的話題。眾多自力救濟的方式中最常見的就是補習。對中、高所得家庭而言，補習費用佔家庭所得並不會太高，補習時間長短及所需付出的成本也許不會是問題，但對中、低收入戶而言，龐大的補習費用則是沈重的負擔。因此，如何用較少的成本來達到一樣的效果呢？（學術上的問法就是如何在資源稀少的前提下進行有效率的配置？）補習三年跟補習一年的效果會一樣嗎？何時選擇「進場」就可以呢？近來經濟學家以國中生補習數學為例，考量兩群家庭背景、個人特質類似的國中生，一組學生國一、二時皆補習，另一組僅國二時補習（國一並未參加補習活動），利用傾向分數配對法研究補習對國三數學成績的影響，結論顯示這兩組的表現不分軒輊，統計上沒有顯著差異。這個發現對經濟上弱勢的家庭具有重大意義，亦即若無法負擔家中小孩多年參與補習活動的開銷，對該家庭而言，讓小孩開始補習的最佳時點選擇是在國二時期。〔註4〕

結語──經濟學也是一種嚴謹的邏輯思維方式

思考社會問題有時必須違反直覺、超越素樸與本能的正義感，才能將問題看得更深入、更仔細。回到本文一開始的動物野放新聞，儘管生態學已提出不適當的野放行為所可能產生的生態

註4 請參見 Lin and Lue（2010）詳盡的分析。

後果，卻沒有對此現象不斷發生的原因做出解釋。在此，經濟學可以用一個簡單的「供需原理」概念提供解答：原先市場上對這些動物的供給並不高，但由於宗教團體大力鼓吹購買來野放，提高了民衆對這些動物的需求，因而形成了「供不應求」的現象。需求會創造供給，捕捉這些動物的商人便應運而生，濫捕或將野放生物再捉回變賣的行爲也就不足爲奇。可以預期的是這些原本可以不被打擾的稀少性動物將會因此越來越稀少，所謂的「善行義舉」，愛之正適足以害之。

愛之適足以害之的例子其實還不少。最近看到另一篇報導說，某些衛道人士有感於色情氾濫，性犯罪案件層出不窮，就連續幾個月到各舊書攤大量去收購色情書刊，然後不定時載往臺中大肚山上焚燒，以「維護青少年身心健康」，杜絕少年維特的煩惱。對經濟學稍微已有一點了解的妳／你，是否可以猜猜看，街坊書店的色情書刊，會因爲持續不斷的大量收購／焚燒行動就逐漸減少蹤跡，抑或仍是源源不絕呢？

以上介紹的都只是經過簡化了的非常基礎的經濟學觀念，其他的理論模型和分析工具還有非常多，到了研究所階段，甚至必須使用高難度的數學和統計來幫助理論推理與思考，這些都是同學踏進經濟系後會逐一配備的知識利器。經濟學裡有嚴謹的邏輯思考方式，學習它，不僅有助於了解經濟社會的運作方式，也能讓你／妳對社會議題提出更深刻的看法（你／妳現在還會認爲經濟學只是一門跟錢有關的學問嗎？）即使未來不在金融、證券等相關行業就職，專業訓練出來的獨立思考習慣也會讓你／妳受益無窮。

作爲諾貝爾獎在社會科學裡唯一設置獎項的學科，諾貝爾經濟學獎得主 P. A. Samuelson（1915–2009）曾將經濟學稱之爲

「社會科學的皇后」（the queen of the social sciences）。如果想要讓高等教育值回票價，就「選擇」來唸經濟系吧！

參考文獻

朱敬一、林全（2002）：《經濟學的視野》，臺北：聯經出版社。

駱明慶（2002）：「誰是臺大學生？－性別、省籍與城鄉差異」，《經濟論文叢刊》，30(1)，113–147.

Lin, Eric S. and Yu-Lung Lue (2010): "The Causal Effect of the Cram Schooling Timing Decision on Math Scores," *Economics Bulletin*, 30(3), 2330–2345.

浩瀚的宇宙是由無數的星系所組成，每個星系又包含了數千億顆星星，因此了解星星是經過怎樣的過程形成的，是天文學的一個基礎問題。

21 星星的誕生

└ 探索恆星形成的物理過程

賴 詩 萍

宇宙組成的基本單位──「恆星」

現代的人，已經很少能夠在無城市光害、天氣晴朗的夜晚，仰望滿天的星斗。夏季到臺灣的高山上，若是遇上無雲的夜晚，閃亮的銀河仍會在那裡等著我們去欣賞。在你親眼目睹銀河時，你就會了解爲什麼古人會稱銀河爲「牛奶路」（Milky Way）了（圖21-1）。那些似牛奶的霧狀雲氣，其實是由無數遙遠的星星所構成，而每一顆星星就像太陽一樣，炙熱的中心提供核融合反應所需的環境，而核反應產生巨大的能量，經過千百萬年傳播至星球表面散發出去，地球上生命的生長與延續，完全仰賴著這樣的能量。

這條牛奶路，是個無比巨大的盤狀結構，稱爲星系。我們所在的星系，稱爲「本銀河系」，直徑大約十萬光年（一光年爲光走一年的距離），包含了數千億顆的星星。儘管如此的巨大，我們所在的星系，並非宇宙唯一的星系。二十世紀初，天文學家哈伯（Edwin Hubble）便已證實本銀河系只是宇宙無數星系中的一個。世界第一個的光學太空望遠鏡，因此命名爲哈伯以紀念他的偉大發現。利用哈伯太空望遠鏡，對天空中的一塊區域長期曝光，就可以看到許許多多大小形狀不一的星系（圖21-2）。我們所知的宇宙，是由無數的星系所組成，而每一個星系又包含了無數的恆星。因此，恆星可以說是組成宇宙的「基本粒子」。

孕育恆星的搖籃── 冰冷黑暗的「分子雲」

恆星既然是構成宇宙的基本粒子，了解其如何從虛無的太

空中誕生，便是了解宇宙的一個非常基本的問題。天文學家經過多年的觀測與研究，已大致了解恆星誕生過程。

從多波段的天文觀測，天文學家發現年輕的恆星，都是誕生自冰冷黑暗的「分子雲」中（圖 21-3）。相較於其他類型的天體，黑黑髒髒的分子雲，實在很難引發一般人對天文的興趣。十九世紀著名的天文學家赫歇爾（Sir. William Herschel），甚至以為這些黑雲只是天空上沒有星星的空洞。藉由紅外線及無線電波的觀測，天文學家證實了這些其貌不揚的星雲，其實包含了大量的氫分子以及星際塵埃，並且溫度極低！低溫的環境使得這些星雲得以靠重力集結成密度更高的分子雲核（moleular core），最後在分子雲中心部分孕育出恆星。

以電波觀測探測分子雲內部

孕育恆星的分子雲，溫度必須極低，因為分子雲中的氣體會熱脹冷縮，受到重力向內收縮的的星雲若是太熱，重力塌縮便會被熱壓力阻止。收縮的星雲，密度也會漸漸升高。這樣低溫及高密度的氣體，包含了許多星際塵埃，可見光無法穿透，這就是為什麼分子雲看起來會黑黑的。

為了了解恆星形成最初的狀態，天文學家必須使用電波望遠鏡，才能穿透分子雲，觀察年輕恆星。在年輕恆星的周圍，經常可以看到一個環繞年輕恆星的環星盤，因為環星盤是行星系統的前身，因此天文學家對於研究環星盤的形成與演化有極高的興趣。然而這些年輕恆星以及環星盤，距離地球都相當遠，即使是距離我們最近的分子雲，也有將近四百光年的距離，因此從地球看起來都非常非常小。為了看清楚這些環星盤，以及了解它們的物理性質及狀態，我們需要非常大的望遠鏡。

世界級的大型電波望遠鏡

和光學望遠鏡一樣，直徑越大的望遠鏡對角度解析度越高。世界最大的單一電波望遠鏡，是位在波多黎各的 Arecibo 天文臺。這個直徑 306 公尺，是挖鑿山谷所建造出來的，因此只能觀測大約正上方的星體。世界上最大的單一可動的望遠鏡，是位於美國西維吉尼亞州的 Green Bank Telescope(GBT)。GBT 大小為 110m×100 m 的橢圓形，這樣的特殊設計是要將次鏡的光軸移開視野。儘管 GBT 與 Arecibo 望遠鏡已經相當大，離地球最近環星盤對他們而言仍只是點光源。

追求超高解析度的工具——電波干涉儀

天文學家很早就了解到，人類建造望遠鏡的技術有其極限。單一個望遠鏡無論如何大，都不能滿足我們想要把宇宙深處的物體看清楚的需求。這個問題最終的解決方法是，建造許多的小望遠鏡，然後將這許多小望遠鏡當成一個大望遠鏡來用，這個技術就叫干涉儀。干涉儀實際的運作是將任何兩個望遠鏡收到的電波信號干涉，全部加起來經過處理後得到的影像的解析度，就相當於直徑等於最長基線（兩個望遠鏡間的距離）的大望遠鏡的解析度。1974 年，Sir Martin Ryle 還因為發明電波干涉儀並應用在天文上，突破人類觀測的極限，而得到諾貝爾物理獎。

建造中的世界最大的毫米波、次毫米波干涉儀——ALMA

過去三四十年內，世界最有名的電波干涉儀，是位於美國

墨西哥州的 Very Large Array (VLA)。VLA 包含 27 座直徑 25m 的望遠鏡，最長的基線可達 36 km。VLA 有很多重要的發現，包括發現水星上的冰層、首次觀測到恆星表面、找到可以驗證愛因斯坦相對論的『愛因斯坦環』、以及發現本銀河系中心具有數百萬個太陽質量的黑洞。然而 VLA 觀測的波段僅限於波長為公分級的電波。恆星形成區儘管溫度可低到 10 K，其熱輻射的範圍仍在毫米波、次毫米波。因此，天文學家在 1980 年代就想蓋一個毫米波、次毫米波版本的 VLA。然而由於所需經費龐大，美國、歐洲及日本都無法得到政府的全力支援。最後在 2001 年，美國、歐洲及日本決定共同出資建造，並取名為 Atacama Large Millimeter/Submillimeter Array (ALMA)。

　　Atacama 是海拔高達 5000m 位於智利的沙漠，也是 ALMA 的所在地。ALMA 建立在高海拔沙漠的原因是要減少空氣中水氣對無線電波的吸收。ALMA 的目標是要建造 54 個 12m 以及 12 個 7m 直徑的望遠鏡。ALMA 預計最長基線為 18 km，相當於最高解析度 0.01 角秒，也就是哈伯太空望遠鏡的十倍！如此一來，哈伯太空望遠鏡的影像，終於有可以比擬的無線電波影像了，0.01 角秒的解析度，可以讓你從高雄看到位於臺北的一元硬幣，可見 ALMA 的威力。臺灣有幸得到政府的支援，加入ALMA 組織成為小股東，在臺灣的天文學家皆可提出觀測計劃，與全世界的天文學家競爭 ALMA 的使用時間（圖21-4）。ALMA 目前雖然尚未完全蓋好，但目前已有的望遠鏡已經比世界上所有的毫米波、次毫米波干涉儀還多了。2011 年 ALMA 首次開放觀測計畫審查，在全部送審的九百多件觀測計畫，僅有 112 件通過，其中臺灣的觀測計畫就占了八件，成績相當不錯。ALMA 預計在 2014 年建造完成，完成以後預計將可以為恆星及行星形成的研究帶來革命性的影響。

圖21-1　可見光下的銀河（本銀河系）。銀河中黑色的部分就是分子雲。分子雲中的星際塵埃會吸收可見光，因此看起來黑黑的。（顏鴻選先生拍攝）

圖21-2　哈伯太空望遠鏡對天空中的一塊區域長期曝光，就可以看到許許多多，有圓有扁的星系。每一個星系都和我們所在的本銀河系一樣，包含了數千億顆的星星。

圖片來源：NASA

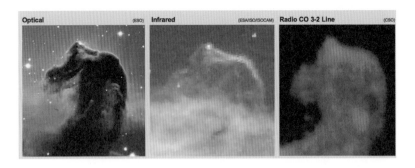

圖21-3　馬頭星雲在不同波段觀測到的影像。左圖是可見光，中圖是紅外
　　　　線，右圖是 CO 分子在無線電波的強度分布。我們可以看到，在
　　　　可見光不發光的黑暗星雲，本身會發出紅外線及無線電波。
圖片來源：ALMA

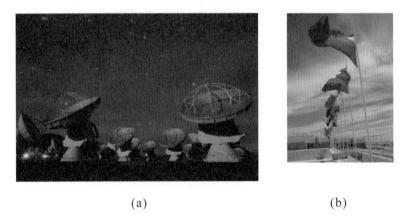

(a)　　　　　　　　　　　　　　　　(b)

圖21-4　(a) 星空下的 ALMA。(b) 因為參加 ALMA 計畫，臺灣國旗得以
　　　　在 ALMA 控制中心外飄揚。
圖片來源：ALMA

被視為抽象、無趣、不易理解的物理其實可以很有趣、讓人想親近，但又不失其探究的深度。「科學行動箱」開發和「科學 Easy Go! Be Happy!」的推動讓你看得到、摸得到、聽得到、感受得到物理科學的絢麗與奧妙。

22 簡單有趣的物理演示實驗

普物實驗的終極目標

戴明鳳　李芳瑜
王國至　邱昶幃

科學行動百寶箱／盒研發

　　行動創意科學百寶箱/盒的研發是依物理的六大領域、不同科學主題、不同科技應用為目標或以跨領域的系列學習為目標，每一行動箱/盒都具備了下列特性和訴求。

1. 科學行動百寶箱／盒設計原則與特性：

    (1)以單一科學主題或系列組合的演示實驗為設計單元。

    (2)行動箱的體積和重量必須符合易於攜帶、整理且具多功能。

    (3)百寶箱內所使用的器材盡量以日常生活中隨手即可取得、易於購買、價位低廉、符合經濟效益、具環保、可長期回收使用之器具等為選用原則。每一套實驗的經常性耗材在 NT$100 以內。

    (4)實驗時間短且能靈活地配合於一般非實驗課程中使用。

    (5)必須符合公安與環保。

    (6)所含器材、演示實驗或 DIY 實驗需易於操作，易於自行學習，且具高成功率的實驗（偏低的成功率，易降低學生的學習興趣）。

    (7)易於被校內外科學推動團隊借用、郵寄，不易破損。

2. 已開發的科學行動百寶箱／盒

　　根據上述原則已完成下列多組物美價廉、便於攜帶且易於操作的行動盒，並已用於普物實驗教學、非實驗課程（如普物課、自然學科的通識課程）、各式科學活動，也常為其他科學團隊借用。不僅適用於大學課程，也適合 K12 師生和一般大眾學習使用：

(1) 「染料敏化奈米二氧化鈦晶粒太陽電池 DIY」6-10 人組用之套件行動盒：每盒含三用電表、實驗器材與消耗性材料等，費用約臺幣 800 元／盒，每位學員所需的材料費僅 100 元，部分器材可回收重複使用。另見下節所述。

(2) 冰沙 DIY 與各種溫度計原理探究百寶箱：內含伽利略溫度計、酒精溫度計、熱偶溫度計、電阻溫度計、二極體溫度計等。消耗性材料爲冰塊、果汁和鹽巴。

(3) 伏打電池 DIY 行動盒：含水果電池、水電池及不會有觸電感的人體導電（球）演示教具的工作原理與實用示範。

(4) 「偏光片的美與妙」行動盒：偏光原理與現象演示及其在生活上的妙用及材料檢測應用的演示。

(5) 實用光學教學行動盒（圖 22-1）：內含偏振片、塑材之 Fresnel 放大鏡片、條紋式驗鈔卡、不同密度的 1D 和 2D 光柵片、塑材條紋之立體照片和 Flip-Flop 多層影像照片，如圖 1 所示。內含各種幾何和近代光學現象的演示器材，均爲可長期使用的器材，無需經常更新的耗材。箱子尺寸約 50 cm x 35 cm x 35 cm，重約 1.5 公斤。

(6) 力學波共振應用教學組：縱波、橫波演示材料。

(7) 熱致發聲的黎開管（Rijke's tube）演示：觀察並比較不同長度、不同口徑、不同厚度、不同材質之鋁管、Pyrex 管、石英管、鐵管、塑膠管等熱致發生效應的差異性。包括高溫加熱或液氮低溫度與室溫溫差所造成的效應。

(8) 金屬棒和石英棒之聲音駐波演示與體驗。

(9) 聲波產生與放大演示教具箱：震耳欲聾的響雷管、會唱

圖22-1　光學行動科學箱，內含各種幾何和近代光學現象的演示器材，箱子尺寸約 50 cm x 35 cm x 35 cm，重約 1.5 公斤。

歌的排水管、醫生用的聽診器、可發巨大聲響的雙層壁口袋型哨子。

(10) 陀螺儀定位及穩定應用教學行動箱。

(11) 傳統樂器與電子樂器工作原理教學行動箱。

(12) 創意聲波演示——聽見、看到玻璃酒杯中的科學與奧妙：玻璃杯中的駐波與共振、富蘭克林音樂水杯、高腳杯間的共鳴、「看見」葡萄酒杯杯緣的駐波與節點、軍鼓背面的響弦。

(13) 多種馬達 DIY 及其應用行動盒。

(14) 渦電流及其應用探究百寶箱。

(15) 變色材料探究百寶箱：紫外光變色珠／卡、熱感式溫度計、不同溫度之熱感應變色片、手溫感應變色紙、熱感應變色杯⋯⋯等。

　另有演示基本力學和轉動力學的行動百寶箱，開發光量子點、透光導電玻璃 ITO 和有機發光二極體 OLED 之 DIY 實驗。其他熱力學、力學、波動、電學、磁學、電磁學、光電、能源科技等等主題，和奈米材料和元件 DIY 實驗盒持續開發中。以下列舉兩行動盒之實驗進一步介紹。

染敏太陽電池DIY實驗行動盒與其延伸教學成效

　　某些水果或植物中的花菁素染料分子會吸收陽光中的可見光，使得染料分子中的電子被光激發。而奈米級二氧化鈦（TiO_2）晶粒的表面經適當介面活性劑敏化後，對染料中被光激發的電子有高的吸引力，經過在電極間的電化學效應，被光激發的電子產生電荷傳輸及光電轉換的功能。利用此原理，研製出有別於以矽基製作的新型太陽電池，稱爲「染料敏化奈米二氧化鈦晶粒之太陽電池」（Dye Sensitized TiO_2 Nanocrystalline Solar Cells，英文簡寫爲 DSSC，簡稱染敏太陽電池）。

　　數年前年我們研發了一套簡易染敏太陽電池 DIY 教材（圖22-2），實驗所使用的耗材和器具，多是日常生活中易於取得；且在一般環境及條件下，含實驗製作和原理講解，僅 2～3 數小時即可完成自製且會發電的太陽電池。染料敏化劑是水果或藻類的汁液，二氧化鈦奈米晶粒則取自常用以做爲美白和光觸媒產品的原料。整個實驗的材料成本低廉（NT$100／人份）。自製成功率高；轉換所得電力足以驅動液晶顯示器等低功率的器件。此實驗隸屬奈米、能源、光電、生化、仿生科技等跨領域的交叉科學。

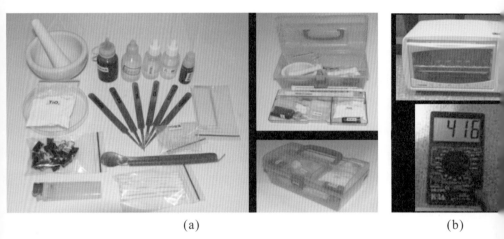

(a)　　　　　　　　　　　　(b)

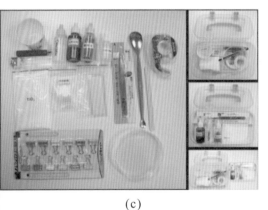

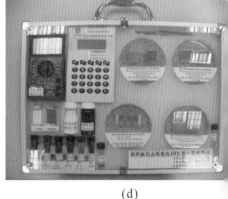

(c)　　　　　　　　　　　　(d)

圖22-2　染料敏化太陽電池的兩種 DIY 實驗行動盒和示範展示箱。(a)(c) 為兩種 DIY 實驗行動盒，含實驗所需之所有材料和器材。行動盒如照片，尺寸僅約 20 cm x 12 cm x 12 cm，攜帶。(b) 為實驗時所需之烘箱（可使用家用箱型土司烤箱）及檢測所需之多功能電(d) 為實驗教學示範展示盒。

黎開管熱致發聲的震撼與其對航太及能源影響

　　具震撼且有趣的熱致發聲（Thermoacoustics）與黎開管物理現象早在18世紀就由玻璃工人發現，19 世紀也有 Lord Rayleigh 根據駐波共振模型提出了扼要的定性解釋，但之後近兩百年此議題並沒有引起科學家的興趣，及做更深入的探討，也因此使得科教或科普界鮮少探討和演示此具震撼之「熱」與「聲」結合的物理演示。

　　20 世紀航太和能源工業的高度發展，使得煙囪內、燃燒腔體、航太噴射系統中的燃燒管或排氣管中，因溫度不均勻分佈導致腔體內的壓力差，造成氣流快速流動，進而在管內／腔體中發生顯著的共振駐波，甚而使腔體產生明顯的震動。工業界常需要燃燒氣體和排放廢氣，或航運界大型輪船與飛機需燃燒石化燃料以產生動力推動引擎。其排放廢氣之腔／管體的共振駐波及腔體晃動，易導致腔體的使用壽命大幅衰減，甚至造成嚴重損傷。因此，熱致發聲的研究近年來在學術界和工業界上受到廣泛的重視。

　　如圖 3 所示，我們實驗室簡單地以氣體噴槍加熱置於長鋁管或 Pyrex 管內的鐵網數秒後，移開噴槍加熱器，並將管子垂直立於半空中，短暫時間後即產生可持續十多秒以上的巨大聲響，此即所謂的黎開管熱致發聲演示實驗。在科普教學上，此實驗所需器材取得容易、成本低廉、操作簡易、又與工業及科技應用有密切關連性，但卻具相當震撼效果的演示實驗，總能受到觀眾極大的迴響和共鳴。在親眼見識、耳聞及感受到此效應後，介紹實驗原理、操作方式、各種實驗變因與其在科學與工業上的應用價值與展望，必可使學習者對熱致發聲及其所衍伸的熱致共振的物

理原理與在工業上的應用能有深刻的體驗和理解。

圖22-3　黎開管之熱致發聲演示實驗操作情形和所需器材。

本日講題

:00 報到與入座
:10
究授兼教務長 (工學院/化學工程系)
致詞
授副研發長 (工學院/化學工程系)
島素：醣尿病患免於挨針的理想
:20
授 (工學院/材料科學與工程系)
電晶體上的應用
:30 中場休息
:05
授兼所長 (工學院/動力機械與系統所)
流體的交流
:40
授兼副系主任 (工學院/動力機械工程系)
科技與機電整合
:00
授兼教務長 (工學院/化學工程系)
綜合座談

http://actrain.web.nthu.edu.tw
03-571-9134 林小姐
chyillin@mx.nthu.edu.tw
議員與議題相關資訊，請見網站

主辦單位 國立清華大學 National Tsing Hua University
共同主辦 富邦文教基金會 柏昭貞紀念基金會 華文文教基金會
03.10
臺中第一高級中學

本日講題

13:30-14:00 報到與入座
14:00-14:10
強祥光教授兼教務長 (理學院/天文所)
開場與致詞
14:10-14:45
強壯榮教授 (生科院/醫學科學系)
換個位置一定要換個腦袋嗎？
14:45-15:20
胡育誠教授 (工學院/化學工程系)
化學工程與生物技術
15:20-15:30 中場休息
15:30-16:05
葉哲良教授 (工學院/...系統所)
光學與流體的交流
16:05-16:40
葉廷仁教授 (工學院/...機械工程系)
機器人科技與機電整合
16:40-17:00
強祥光教授兼教務長 (理學院/天文所)
Q & A綜合座談

活動網址：http://actrain.web.nthu.edu.tw
聯絡電話：03-571-9134 林小姐
E-mail：chyillin@mx.nthu.edu.tw
其他填洽、議員與議題相關資訊，請見網站

主辦單位 國立清華大學 National Tsing Hua University
共同主辦 富邦文教基金會 柏昭貞紀念基金會 華文文教基金會
02.25
彰化高級中學

本日講題

0 報到與入座
授兼教務長 (理學院/天文所)
致詞
授 (理學院/天文所)
授 (生科院/...研究所)
一定要換個腦袋嗎？
中場休息
(工學院/電子工程與科學所)
：人類如何永續生存？
(生科院/生物資訊與結構生物所)
...構與功能之研究應用
授兼教務長 (理學院/天文所)
合座談

http://actrain.web.nthu.edu.tw
03-571-9134 林小姐
chyillin@mx.nthu.edu.tw
議員與議題相關資訊，請見網站

主辦單位 國立清華大學 National Tsing Hua University
共同主辦 富邦文教基金會 柏昭貞紀念基金會 華文文教基金會
03.24
臺南第一高級中學

本日講題

13:30-14:00 報到與入座
14:00-14:10
強祥光教授兼教務長 (理學院/天文所)
開場與致詞
14:10-14:45
強壯榮教授 (生科院/醫學科學系)
換個位置一定要換個腦袋嗎？
14:45-15:20
焦傳金教授 (生科院/系統神經科學所)
烏賊的偽裝術
15:20-15:30 中場休息
15:30-16:05
黃振昌教授 (工學院/材料科學與工程系)
氮絲在電晶體上的應用
16:05-16:40
劉怡維教授 (理學院/物理系)
質子有多大？
16:40-17:00
強祥光教授兼教務長 (理學院/天文所)
Q & A綜合座談

活動網址：http://actrain.web.nthu.edu.tw
聯絡電話：03-571-9134 林小姐
E-mail：chyillin@mx.nthu.edu.tw
其他填洽、議員與議題相關資訊，請見網站

主辦單位 國立清華大學 National Tsing Hua University
共同主辦 富邦文教基金會 柏昭貞紀念基金會 華文文教基金會
04.14
屏東高級中學

本日講題

13:30-14:00 報到與入座

14:00-14:10 陳信文教授兼教務長（工學院／化學工程系）
開場與致詞

14:10-14:45 宋信文教授（工學院／化學工程系）
口腔膜島素：糖尿病患免於挨針的理想

14:45-15:20 永士迪教授（科技院／計量財務金融系）
輕鬆與生活

15:20-15:30 中場休息

15:30-16:05 江國興教授（理學院／天文所）
斗轉星移

16:05-16:40 劉怡維教授（理學院／物理系）
質子有多大？

16:40-17:00 陳信文教授兼教務長（工學院／化學工程系）
Q & A綜合座談

活動網址｜http://actrain.web.nthu.edu.tw
聯絡電話｜03-571-9134 林小姐
E-mail｜chyllin@mx.nthu.edu.tw
其他場次、講員與講題相關資訊，請見網站

本日講題

13:30-14:00 報到與入座

14:00-14:10 陳信文教授兼教務長（工學院／化學工程系）
開場與致詞

14:10-14:45 江國興教授（理學院／天文所）
斗轉星移

14:45-15:20 桑自剛教授（生科院／生醫工程）
換個位置一定要換個腦袋嗎？

15:20-15:30 中場休息

15:30-16:05 葉宗洸教授（原科院／核子工程與科學所）
新能源大難：人類如何永續生存

16:05-16:40 賴建誠教授（科技院／經濟系）
輕鬆經濟學的趣味

16:40-17:00 陳信文教授兼教務長（工學院／化學工程系）
Q & A綜合座談

活動網址｜http://actrain.web.nthu.edu.
聯絡電話｜03-571-9134 林小姐
E-mail｜chyllin@mx.nthu.edu.tw
其他場次、講員與講題相關資訊，

本日講題

13:30-14:00 報到與入座

14:00-14:10 張訓光教授兼副教務長（理學院／天文所）
開場與致詞

14:10-14:45 陳令儀教授（生科院／分子醫學所）
換個位置一定要換個腦袋嗎？

14:45-15:20 呂平江教授（生科院／生物資訊與結構生物所）
植物抗蟲蛋白結構與功能之研究應用

15:20-15:30 中場休息

15:30-16:05 管黎根教授（原科院／工程與系統科學系）
新能源大難：人類如何永續生存？

16:05-16:40 鄭詩萍教授（理學院／天文所）
星星的誕生

16:40-17:00 張訓光教授兼副教務長（理學院／天文所）
Q & A綜合座談

活動網址｜http://actrain.web.nthu.edu.tw
聯絡電話｜03-571-9134 林小姐
E-mail｜chyllin@mx.nthu.edu.tw
其他場次、講員與講題相關資訊，請見網站

本日講題

13:30-14:00 報到與入座

14:00-14:10 陳信文教授兼教務長（工學院／化學工程系）
開場與致詞

14:10-14:45 陳令儀教授（生科院／分子醫學所）
換個位置一定要換個腦袋嗎？

14:45-15:20 焦傳金教授（生科院／系統神經科學所）
烏賊的偽裝術

15:20-15:30 中場休息

15:30-16:05 黃承彬教授（電資院／光電工程研究所）
就是那道光!! —— 玻璃超光

16:05-16:40 江國興教授（理學院／天文所）
斗轉星移

16:40-17:00 陳信文教授兼教務長（工學院／化學工程系）
Q & A綜合座談

活動網址｜http://actrain.web.nthu.edu.
聯絡電話｜03-571-9134 林小姐
E-mail｜chyllin@mx.nthu.edu.tw
其他場次、講員與講題相關資訊，

主辦單位｜ 國立清華大學 National Tsing Hua University
共同主辦｜ 宜蘭縣立蘭陽基金會　富邦文教基金會　張昭鼎紀念基金會
遠哲科學教育基金會　ASUS　華碩文教基金會

2012
清華大學
高中學術列車
05 12
宜蘭高級中學

主辦單位｜ 國立清華大學 National Tsing Hua University
共同主辦｜ 宜蘭縣立蘭陽基金會　富邦文教基金會　張昭鼎紀念基金會
遠哲科學教育基金會　ASUS　華碩文教基金會

2012
清華大學
高中學術列車
05 19
市立北一女中

主辦單位｜ 國立清華大學 National Tsing Hua University
共同主辦｜ 宜蘭縣立蘭陽基金會　富邦文教基金會　張昭鼎紀念基金會
遠哲科學教育基金會　ASUS　華碩文教基金會

2012
清華大學
高中學術列車
05 25
金門高級中學

2012
清華大學
高中學術列車
06 02
武陵高級中學

國家圖書館出版品預行編目資料

DNA搭乘頭等艙：清大大學高中學術列車叢
書／高中學術列車暨開放講堂教師群著.
－－初版.－－臺北市：五南，2012.10
　面；　公分
ISBN 978-957-11-6876-0（精裝）
1.科學　2.通俗作品
307.9　　　　　　　　　　101019920

5A84　清華大學高中學術列車叢書

DNA搭乘頭等艙

作　　　者 ― 國立清華大學高中學術列車暨開放講堂
　　　　　　　教師群
發 行 人 ― 陳力俊　楊榮川
出 版 者 ― 國立清華大學出版社
　　　　　　　五南圖書出版股份有限公司
策　　　劃 ― 國立清華大學教務處
總策劃人 ― 陳信文
總 編 輯 ― 王翠華
主　　　編 ― 穆文娟
責任編輯 ― 楊景涵
展 售 處 ― 五楠圖書用品股份有限公司
　　　　　　　電　　話：(04)2437-8010
　　　　　　　網　　址：www.wunanbooks.com.tw
　　　　　　　紅螞蟻圖書公司
　　　　　　　電　　話：(02)2795-3656
　　　　　　　網　　址：www.e-redant.com/
　　　　　　　國家書店松江門市
　　　　　　　電　　話：(02)-2518-0270
　　　　　　　網　　址：www.govbooks.com.tw/
其他類型版本 ― 無
出版日期 ― 民國101年11月1日初版
定　　　價 ― 平裝本新臺幣280元
ISBN：9789571168760
GPN：1010102180